AF568263

Modellbahn-Betriebswerke

Große Behandlungsanlagen mit Brückenkran und einem Hochbunker sind eine willkommene Kulisse für die eigene Lokomotivsammlung. Ein vorbildgerechtes Umfeld erfordert allerdings Einiges an Platz.

Markus Tiedtke · Dirk Rohde · Michael U. Kratzsch-Leichsenring

MODELLBAHN BETRIEBSWERKE

Profi-Tipps für die vorbildgetreue Umsetzung · Von der Lokstation bis zum Groß-Bw

IMPRESSUM

Verantwortlich: Andreas Ritz
Redaktion: Markus Tiedtke
Lektorat: Helga Peterz, München
Layout: Gaby Herbrecht, Mindelheim
Satz: Michael Kratzsch-Leichsenring, Markus Tiedtke
Coverentwurf: Kaj Ritter
Repro: ScannerService, Markus Tiedtke, LUDWIG:media
Herstellung: Julia Hegele

Printed in Slovenia by Florjancic Tisk

★★★★★

Sind Sie mit diesem Titel zufrieden? Dann würden wir uns über Ihre Weiterempfehlung freuen. Erzählen Sie es im Freundeskreis, berichten Sie Ihrem Buchhändler, oder bewerten Sie bei Ihrem nächsten Onlinekauf. Und wenn Sie Kritik, Korrekturen oder Aktualisierungen haben, freuen wir uns über Ihre Nachricht an: GeraMond Media, Postfach 40 02 09, D-80702 München oder per E-Mail an lektorat@verlagshaus.de

Unser komplettes Programm finden Sie unter 

Die Deutsche Nationalbibliothek verzeichnet diese Publikation in der Deutschen Nationalbibliografie; detaillierte bibliografische Daten sind im Internet über http://dnb.d-nb.de abrufbar.

In diesem Buch wird aus Gründen der besseren Lesbarkeit das generische Maskulinum verwendet. Weibliche und anderweitige Geschlechteridentitäten werden dabei ausdrücklich mitgemeint, soweit es für die Aussage erforderlich ist.

2. Auflage des Titels ISBN 978-3-96453-674-7
und aktualisierte Neuauflage des Titels ISBN 978-3-86245-521-8

Faszination Technik – Deutsche Bahnbetriebswerke im Modell

Das Thema Bahnbetriebswerke im Modell ist bereits Gegenstand einiger Bücher gewesen, allerdings hat sich bislang kaum eine Publikation fundiert mit dem Aufbau und der Technologie der Bahnbetriebswerke und der entsprechenden konsequenten vorbildorientierten Modell-Umsetzung beschäftigt.

Letzteres soll jedoch Hauptanliegen dieses im Vergleich zum Vorgängerband gründlich überarbeiteten Buches sein, denn noch immer haben die wenigsten Bahnbetriebswerke auf den Modellbahnen und Dioramen diese Bezeichnung wirklich verdient. Zu oft werden dem Vorbild nach wichtige Stationen der Lokbehandlung völlig falsch dimensioniert und platziert oder fehlen gänzlich. Ein Lokschuppen mit Drehscheibe und Kohlenkran allein macht eben noch kein Bahnbetriebswerk

Zu einem solchen gehören neben den recht umfangreichen Behandlungsanlagen zur Versorgung einer Dampf- oder Diesellok auch die Entsorgung der Betriebs- und Reststoffe Kohle, Schlacke, Wasser und Sand. Nicht zu vergessen die Anlagen zur Unterhaltung der Lokomotiven sowie zur Wasseraufbereitung – und natürlich gleichfalls die beim Vorbild nötigen sozialen Einrichtungen für das Bw- und Lokpersonal.

Das vorliegende Buch möchte dem interessierten und vorbildorientierten Modellbahner Wege aufzeigen, sein Traum-Bw in den ihm vorgegebenen Räumlichkeiten und Grenzen zu verwirklichen. Zahlreiche Bildbeispiele von gelungenen Modellanlagen verschiedener Modellbahnfreude – an dieser Stelle sei ausdrücklich herzlichster Dank für die aufgebrachte Geduld während des Fotografierens gesagt – geben genügend Anregungen. Zusätzliche Praxisbeispiele in Form von Tipps und historischen Vorbildfotos erweitern das vielschichtige Werk und verraten Tricks namhafter Modellbauer, um so seinen oft anspruchsvollen Sammlungsstücken den richtigen Laufsteg zu geben.

Zum besseren Verständnis enthalten die Kolumnentitel der rechten Seiten einmal eine Inhaltsangabe der jeweiligen Doppelseite sowie einen Hinweis zum technischen Umfeld. Allem vorangestellt ist ein Kapitel mit grundlegenden Definitionen, wobei anhand des perfekt nachgebildeten Modell-Bw Ottbergen mit seinen legendären 44ern der Brakeler Modellbundesbahn deutlich wird, wie komplex selbst eine nur mittelgroße Dienststelle aufgebaut sein kann.

In den folgenden Abschnitten zur Dimensionierung sollen neben den obligatorischen Fotografien die zahlreichen Lagepläne samt ausführlicher Legenden bei der Planung des eigenen Betriebswerkes behilflich sein. Die meisten sind exakte Wiedergaben des Vorbildes, lediglich im Kapitel zu den Groß-Bw finden sich fiktive, aber dennoch vorbildgerechte Entwürfe.

Das Autorenteam wünscht Ihnen viel Freude beim Betrachten und Lesen dieser sicherlich fesselnden Lektüre.

Köln, im Juli 2023
Michael Kratzsch-Leichsenring, Markus Tiedtke, Dirk Rohde

Impressionen

Die Aufgaben eines Bahnbetriebswerkes waren vielfältig. Je nach Anzahl der beheimateten Loks dimensionierte man die Abstellplätze und die Behandlungsanlagen fuhren zusätzlich auch Gastloks an.

Den Mittelpunkt eines Dampflok-Bw bildet die Drehscheibe. Sie ersetzt auf engstem Raum eine Weichenstraße und wendet Schlepptenderloks bei Richtungswechsel.

Schon früh am Morgen erwacht die Schmalspurlokstation zum Leben; die über Nacht abgestellte Lok wird im Schuppen (Auhagen) angeheizt.

Mit der Motorisierung und Digitalisierung der bekannten Faller-Kombination setzte Märklin Akzente und bot als Sondermodell auch weniger erfahrenen Modellbauern viel Bewegung im eigenen H0-Dampflok-Bw.

Kleinbahnromantik: Der Lokschuppen wurde bewusst im Reparaturstadium aufgebaut, damit der Blick auf das Innenleben frei bleibt. Die pausierende, leicht vor sich hinsäuselnde Maschine kommt so noch besser zur Geltung.

Die Entladung von mit feiner Kohle beladenen Waggons in die Vorratsbansen oder direkt in den Wiegebunker sorgt für Kurzweil beim Spiel mit der Modellbahn.

Weil der Märklin-Tender der BR 50 kein empfindliches Innenleben aufweist, kann echtes Wasser vom Wasserkran (Kullmann) hindurchfließen, welches sich im Modell im Schlackensumpf wieder sammelt und dem Wasserkreislauf per Pumpe zugeführt wird.

Vorwärts in den Schuppen gefahren, bleibt am anderen Schuppenende mehr Raum für Reparaturen an der Lok.

Was ist ein Bahnbetriebswerk?

Die Aufgaben eines Bahnbetriebswerkes waren vielfältig. Je nach Anzahl der beheimateten Loks dimensionierte man die notwendigen Behandlungsanlagen und Abstellplätze.

Obwohl nur ein Teil, ist der Ringschuppen mit Drehscheibe für die meisten der Inbegriff eines Betriebswerkes.

Unter den zahlreichen Anhängern der Dampflokomotiven hatten sie einen besonderen Ruf – die Bahnbetriebswerke, kurz Bw genannt, als Heimstätte der stählernen schwarzen Giganten des Schienenstranges. Dort ergänzten diese ihre Wasser- und Kohlenvorräte, sie wurden gereinigt und warteten schließlich im oder vor dem Lokschuppen auf die nächsten Aufgaben.

Allerdings hatten nur die wenigsten Bahnfreunde einen kompletten Einblick in den facettenreichen Arbeitsalltag der Bw, mit dem wegen des jahrzehntelang stark eingeschränkten Zuganges auch zahlreiche Geheimnisse verbunden waren. Hinzu kommt, dass auch die letzten Überreste derartiger Anlagen beim Vorbild infolge der Veränderungen der Reichweite der Lokomotiven, ihrer Wartungsintervalle sowie der Zugförder-Technologien seit mehr als 15 Jahren verschwunden sind. Lediglich anhand der Behandlungsanlagen und Betriebsprozesse der noch immer vorhandenen Werke bei den regelmäßig eingesetzten Schmalspurbahnen oder ausgewählter Museumsstandorte (Chemnitz, Staßfurt, Bochum-Dahlhausen) lässt sich erahnen, was seinerzeit alles mit dem Begriff Bw umschrieben war. Angesiedelt wurden Bahnbetriebswerke an wichtigen Knoten- und Endpunkten im Bahnnetz, so auch das Bw Ottbergen im Weserbergland, eines der letzten Bw der DB mit kräftigen 44ern.

Betrieblicher Mittelpunkt eines Bw sind zweifelsohne die Lokbehandlungsanlagen zur Wasser- und Kohleversorgung samt Ausschlackanlage (Ottbergen 1975).

Die Lokleitung, in der sich Personale vor und nach dem Dienst melden, befindet sich in Ottbergen direkt neben dem Ringlokschuppen.

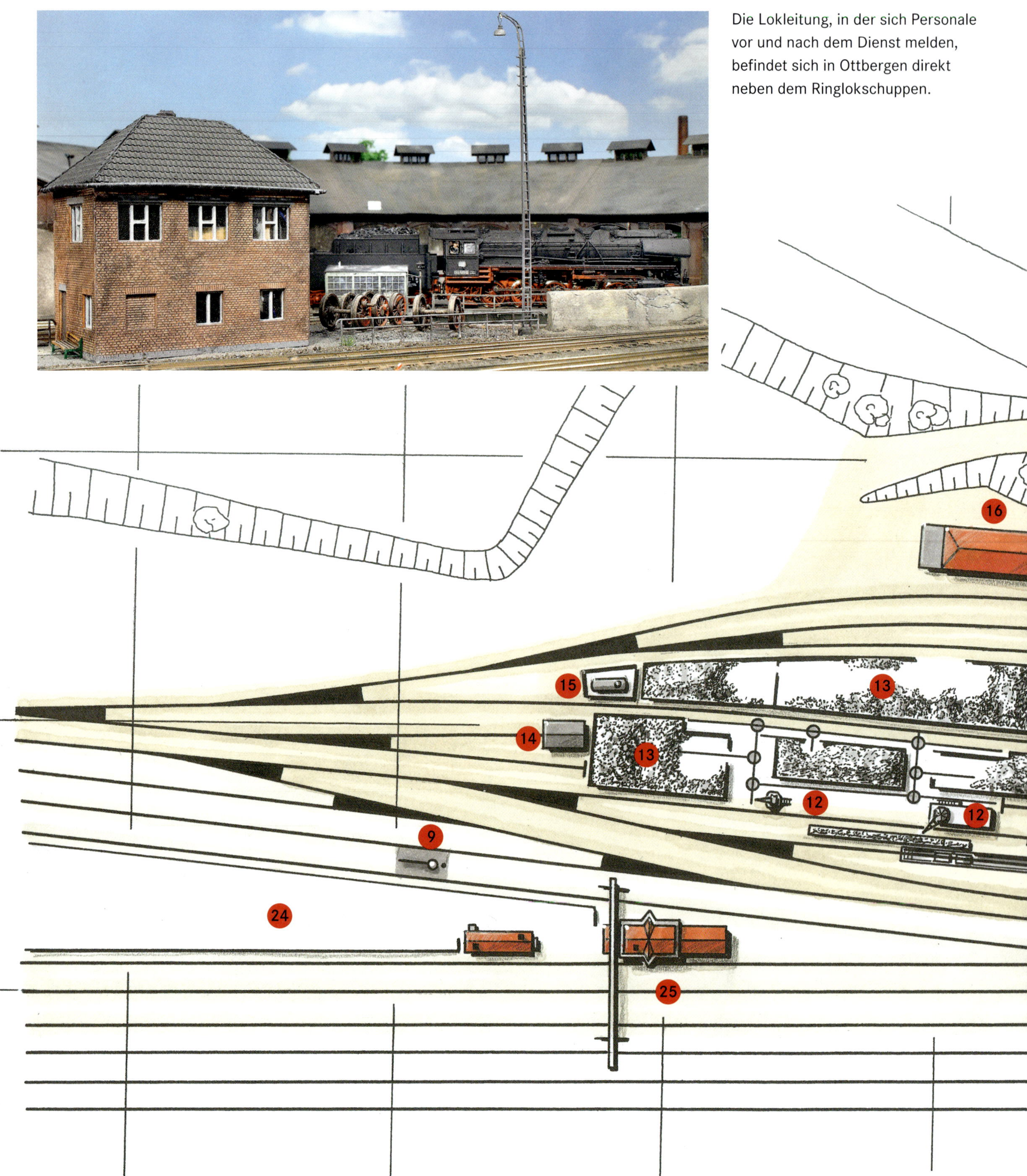

Bahnbetriebswerk Ottbergen

1. Mehrteiliger Lokschuppen
2. Werkstatt mit doppelgleisiger Achssenkanlage, auch Abstellplatz
3. Werkstatt mit einem Auswaschgleis
4. Umkleide- und Waschräume
5. 20,5-m-Drehscheibe
6. Radsatzlager
7. Lokleitung
8. Wasserturm
9. Einheits-Wasserkran
10. Entschlackung mit Hunten und Bockkran
11. Luftkompressor und Energieversorgung
12. Ortsfester Kohlenkran für Hunte
13. Kohlenbansen mit mobilem Bagger für Kohleumschlag
14. Schuppen für Köf
15. Dieseltankstelle mit Tanklager
16. Lehrwerkstatt
17. Verwaltung mit Übernachtungsräumen
18. Lager für Altmaterial
19. Besandungsturm mit Sandlagerhaus
20. Indusi- und Wagenwerkstatt
21. Fahrradschuppen
22. Schmiede (später Signalmeisterei)
23. Werkführer
24. Bahnsteig
25. Stellwerk

Anlagen-Info

Die Modellbundesbahn in Brakel zeigt Ottbergen mit den ausgehenden Strecken in seiner letzten Blütezeit zwischen 1974 und 1976 als DB-Auslauf-Bw der kohlegefeuerten BR 44.

- Modellbundesbahn, Rieseler Feld 1b, 33034 Brakel
- Telefon: +49/52 72 / 39 39 850
- E-Mail: kontakt@modellbundesbahn.de
- Internet: www.modellbundesbahn.de

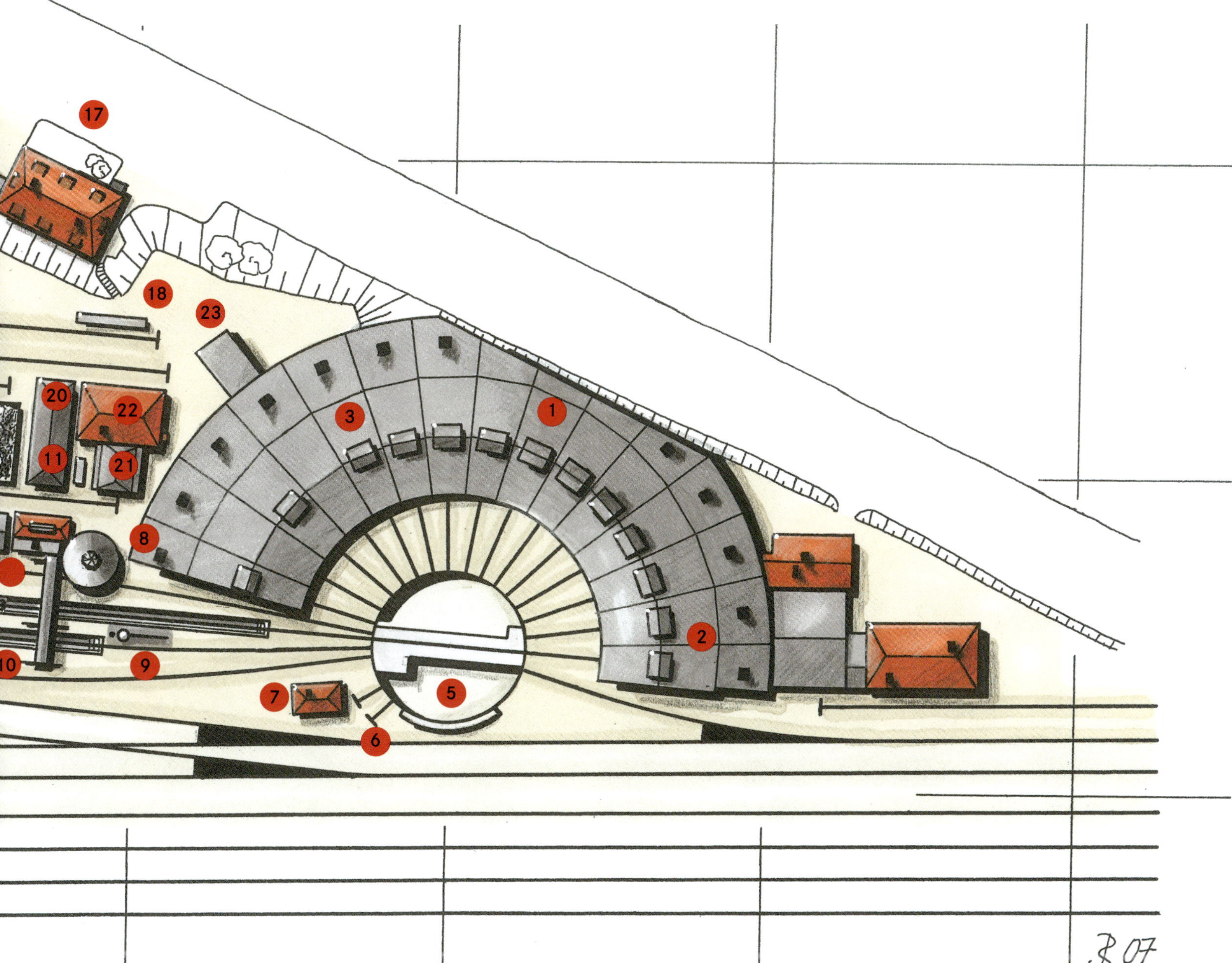

Die Lagerflächen für Kohle nehmen in jedem Bw einen beachtlichen Platz ein – laut Vorschrift muss der Brennstoffvorrat sechs bis neun Wochen reichen.

Aufgaben und Anlagen

Anhand dessen meisterhafter Original-Nachbildung der Modellbundesbahn in Brakel in der Nenngröße H0 wollen wir zeigen, wie sich normalerweise Betriebswerke baulich und organisatorisch zusammensetzen.

Ihre Aufgabe war neben der Versorgung der Lokomotiven auch deren Instandhaltung sowie die zugehörige Einsatzplanung. Neben wahrnehmbaren Anlagen wie Kohle- und Wasserversorgung sowie Lokschuppen gehörten auch, je nach Größe, zahlreiche Werkstätten für Metall-, Holz- und Elektroarbeiten dazu. Zu Ersteren zählten auch kleinere Gießereien, etwa für Stangenlanger, und Schmieden für

Unverzichtbar sind im Bw stets Gleise mit Untersuchungsgruben zur Kontrolle und Instandhaltung von Fahrwerk und Bremse.

Stangen und Tragfedern. Größeren Betriebswerken oblag in einem separat abgegrenzten Bereich auch die Wartung von Waggons bezüglich der Radsätze, Bremsen und der Kupplungen und Puffer.

Nicht vergessen werden darf die Notfalltechnik, also Hilfs- und Kranzüge. Diese gehörten ebenso zu einigen Bw wie die winters oft nötige Schneeräumtechnik.

Unabhängig von der räumlichen Ausdehnung oder geografischen Lage besaßen Bw vergleichbare Anlagen. Deren Lage im Bw Ott-

Eine massive Betonwand sollte im engen Bw Ottbergen ein Überfahren der Drehscheibe in Richtung Bahnhofsgleis sicher verhindern.

Lösche aus der Rauchkammer wurde in einer separaten Grube entsorgt.

Hinter dem Lokschuppen drängten sich oft weitere Werkstätten sowie Versorgungsanlagen für Druckluft und Ähnliches.

Der Abgabeturm der druckluftbetriebenen Besandungsanlage stand im Betriebswerk Ottbergen direkt neben der Entschlackungsanlage und dem Wasserturm.

Bw-Bestandteile

Unabhängig von der Anzahl der beheimateten oder untergestellten Lokomotiven verfügten alle Bw zur Dampflokzeit über die gleichen baulichen und technischen Anlagen zur Behandlung der betriebsfähigen Loks, wenngleich in unterschiedlicher Bauform und Größe:

- Wasserkräne mit Speicher
- Bekohlungsanlage
- Entschlackungsanlage
- Besandung
- Lokschuppen mit Werkstatt
- Abstellanlagen für kalte Loks
- Hilfsfahrzeuge
- Materiallager und Schuppen
- Sozialgebäude

Das Sandlager hat ein eigenes Versorgungsgleis, über das regelmäßig Rohsand geliefert und kräftezehrend von Hand umgeladen wird.

bergen ist im Plan der Doppelseite 16/17 ersichtlich. Dieses Betriebswerk wurde seinerzeit sehr kompakt aufgebaut und ist deshalb Modellbahnern und -bauern ein Vorbild. Das Beispiel bietet zahlreiche Anregungen, wie alle zur Behandlung auch größerer Dampfloks notwendigen Anlagen sogar auf engem Raum untergebracht werden können.

Dimensionierung

Zuerst war die Größe eines Bw natürlich direkt abhängig von der Anzahl der dort unterzubringenden Lokomotiven. Neben der Anzahl der Schuppenstände beeinflusste sie ebenso die Dimension der Wassertürme, Bekohlungs- sowie Besandungsanlagen, denn das Ergänzen der Vorräte durfte nicht zu viel Zeit in Anspruch nehmen. Sowohl bei der Anlage als auch bei späteren Erweiterungen versuchte man stets, die baulichen und technischen Anlagen durch Gleisverlegung in verschiedenen Ebenen weitgehend der vorhandenen Geografie anzupassen, das Bw dabei dennoch kompakt anzulegen und so Grunderwerbskosten einzusparen. Deshalb ist auch auf der Modellbahn ein Verbauen eines Bw durchaus erlaubt. Achten sollte man aber auf eine ausreichende Dimensionierung der Kohlebansen – beim Vorbild lagerte darin

Eine zentrale Rolle spielt die Wasserversorgung mit Wasserturm und Wasserkran, hier rechts neben dem für Ottbergen markanten Schlacke-Bockkran.

Gepflegte und teils ausgeschmückte Grünanlagen sollten Arbeitspausen verschönern.

In Verlängerung der Werkstatt liegt das Sozialgebäude mit Umkleide- und Duschräumen für das Werkstattpersonal.

der Vorrat für mindestens sechs Wochen, weshalb seine Ausmaße beachtlich waren. Zudem verfügte man in der Regel über verschiedene Kohlesorten.

Gleichfalls vom Betriebsbestand an Loks beeinflusst war die Zahl der Ladestellen für Kohle. Genügte in kleineren Bw oft eine, besaßen viele größere Bw Einrichtungen zur parallelen Versorgung von bis zu drei Lokomotiven, dann aber in Form eines oder zweier Wiegebunker nebst Kran.

Ein weiterer wichtiger Zusammenhang besteht zwischen der Höhe des Wasserturmes und der Rohrleitungslänge im Bw: Je länger selbige und je mehr Wasserkräne, desto höher fiel der Wasserturm für einen ausreichenden Betriebsdruck aus. Gleiches galt auch für Wasserkräne mit großen Durchmessern oder Gelenkwasserkräne, denn sie sollten innerhalb kürzester Zeit große Mengen abgeben können. Mancherorts versorgte der in Bw-Nähe stehende

Hinter den Werkstattständen lagert etliches Material geschützt im Freien.

Die Ottbergener Bahnhofs-Köf findet im eigenen Schuppen am Bw-Rand Platz.

Wagenreparaturgleise mit Hubanlagen gehören zu vielen Bw.

Nebengebäude

Zu den wichtigsten Nebengebäuden im Bahnbetriebswerk Ottbergen gehören die Verwaltung sowie eine Lehrwerkstatt. Erstere ist selbst bei kleineren Bw wegen der Vielzahl der Aufgaben in der Umlaufplanung und Instandhaltung der Lokomotiven sowie in der Personalplanung für Fahrdienst und Werkstatt unverzichtbar.

Die Ottbergener Bw-Verwaltung besaß ein stattlichenes Gebäude.

Die Lehrwerkstatt des Bw Ottbergen ist ein schlichter Flachbau.

Wasserturm auch den Bahnhof mitsamt Wasserkränen und fiel im Vergleich zu den restlichen Anlagen deutlich größer aus. Insgesamt sparte man beim Vorbild so Kosten für einen zweiten Wasserturm ein. Sinnvoll und zur dominierenden Architektur stimmig kombiniert, muss ein großer Wasserturm neben kleinem Schuppen nicht immer ein Fauxpas sein.

Strukturwandel im Bw

Mit dem Aufkommen der ersten (Rangier-)Dieselloks wurden einige bauliche Veränderungen im Bw notwendig. So vekürzte man oft den Kohlebansen, um darin die Tanks für die Dieseltankstelle unterzubringen. Zudem baute man anfänglich separate Diesellok- oder Triebwagenschuppen, um Unfälle beim Zusammentreffen von offenem Lokfeuer und den neuen Treibstoffen zu vermeiden. Später trennte man Teile der Ringschuppen mit Zwischenmauern entsprechend ab.

Anhand dieser einleitenden Ausführungen wird klar, dass es das Bw als solches eigentlich gar nicht gibt. Wie beim Vorbild, stehen auch im Modell zahlreiche Wege offen, das Thema Betriebswerk glaubhaft umzusetzen.

In den folgenden Kapiteln sollen deshalb allgemeingültige Richtlinien zum Gestalten der unterschiedlichen Bw-Arten – von der einfachen Lokstation bis hin zum Groß-Bw – mitgegeben werden.

Mit beginnendem Traktionswandel musste Platz für Zapfsäulen und Vorratstanks geschaffen werden.

Lokstationen

Die kleinste und zugleich einfachste Form von Bahnbetriebswerken sind Lokstationen. Neben dem kleinen Schuppen gehören einfache Behandlungsanlagen zum Umfeld.

Die meisten Vorbilder von Lokstationen haben bauliche und technische Anlagen, welche bei der Streckeneröffnung im 19. oder frühen 20. Jahrhundert, also der Epoche I, an Endpunkten oder wichtigen Abzweigbahnhöfen von den damals meist privaten Betreibern zur Wartung der eingesetzten Schienenfahrzeuge entstanden. Oft waren die kleinen Anlagen nur für zwei oder drei Tenderloks errichtet. An der Anzahl der dort stationierten Lokomotiven änderte sich in der Regel auch zu Staatsbahnzeiten ab 1920, also der Epoche II, zunächst nichts. Erst mit der Beschaffung leistungsfähigerer und damit oft größerer Loks oder spätestens im Zuge der Traktionsumstellung auf Diesel oder in einigen Fällen auch elektrischen Betrieb wurden die Lokstationen aufgegeben, oder sie dienten nur noch als Unterstand für die Bahnhofsrangierlok oder den Klv der örtlichen Bahn- oder Signalmeisterei.

Zu den Lokstationen zählten auch fast alle schmalspurigen Anlagen, die man im Rahmen der Verwaltung einem nahe gelegenen Regelspur-Bw zuordnete.

Vorrangige Aufgabe der Lokstationen war neben der obligatorischen Versorgung der Lokomotive mit den Betriebsstoffen Wasser, Kohle und Sand vor allem die geschützte Abstellung während der Betriebspausen. Wohnten die Lokpersonale nicht direkt vor Ort, besaßen die Stationen auch einfache Übernachtungsräume in der Nähe.

Eine kleine Lokstation benötigt nicht viel: Neben dem Lokschuppen stehen hier ein Wandwasserkran und eine Kohlenbühne nebst Galgenkran für das Heben beladener Kohlekörbe.

Auf bis fünf Loks ausgelegt ist die schmalspurige Lokstation Putbus und so an der Grenze zum Klein-Bw.

89 638

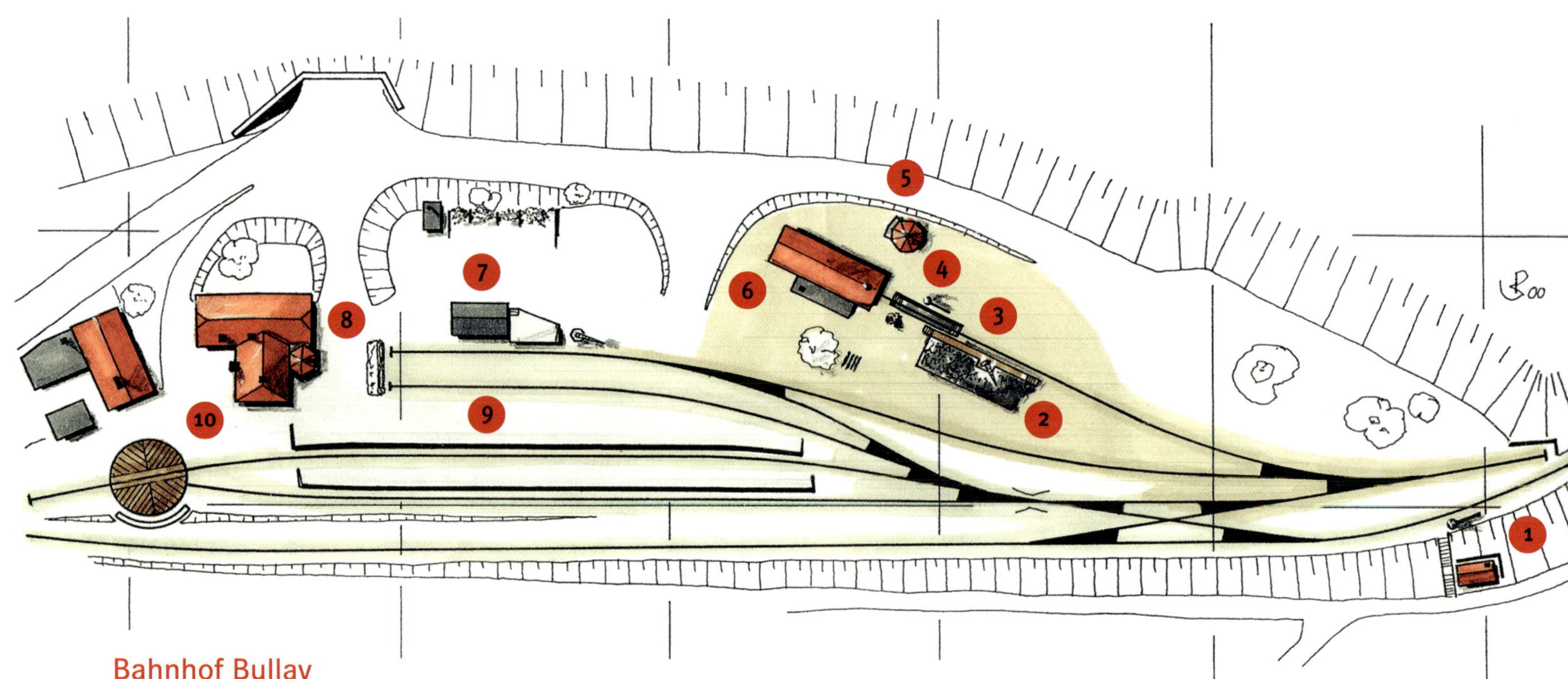

Bahnhof Bullay

Der Bahnhof Bullay mit seinem kleinen Lokschuppen war mit Drehscheibe Endpunkt der privaten Moseltal-Bahn. Er reichte für die vorhandenen Tenderlokomotiven aus. Von dort aus führte ein Verbindungsgleis zum oberhalb gelegenen Staatsbahnhof.
Zustand um 1956)

1. Wasserkran mit Pumpstation
2. Kohlebansen
3. Kohlebühne mit kleinem Kran für Kohlekörbe
4. Entschlackungsgrube mit Wasserkran
5. Wasserturm
6. Lokschuppen mit Wasserversorgung
7. Güterschuppen
8. Bahnhofsgebäude
9. Bahnsteig
10. gedeckte 12-m-Drehscheibe

Bauliche Anlagen

Die Lokschuppen der Lokstationen waren fast ausschließlich als Rechteckschuppen ausgeführt, in denen maximal drei Loks nebeneinander bzw. zwei Loks hintereinander Platz fanden. Der Zugang erfolgte in der Regel über Weichenverbindungen.

Kleinere Reparaturen an den Loks konnten vor Ort im Lokschuppen ausgeführt werden, größere Instandsetzungen oder die regelmäßig auftretenden, aufwendigere Frist- und Planarbeiten übernahm das besser ausgestattete, übergeordnete Bahnbetriebswerk, dem die Lokomotiven dann zugeführt werden mussten.

Für die Loks auf der steilen Nebenbahn nach Emmelshausen reichte der kleine Schuppen in Boppard völlig aus. Interessant ist der hohe Schornstein als Rauchabzug, um die Rauchbelästigung für die Bevölkerung zu verhindern.

Drehscheiben waren in den Lokstationen äußerst selten zu finden, da dort normalerweise nur Tenderloks beheimatet wurden. Beim Einsatz von Schlepptenderloks war wegen den niedrigen Fahrgeschwindigkeiten von höchstens 50 km/h auf den meisten Nebenstrecken normalerweise ein Drehen der Loks nicht erforderlich. Aber es gab auch Ausnahmen, wie unsere Gleispläne zeigen. Diese Lokstationen sind für eine Modellnachbildung auf engem Raum besonders interessant, bieten sie mit der Drehscheibe und dem Ringlokschuppen doch das typische Bild eines kleinen Bahnbetriebwerkes.

Die Bekohlungsanlagen waren wegen der geringen Zahl der zu versorgenden Lokomotiven sehr einfach gestaltet. Fast überall dominierte die Handbekohlung mittels Körben und einfachen Bühnen. Ab Epoche III kamen auch Förderbänder oder einfache Straßenbagger in Ost und West zum Einsatz. Einen stationären drehbaren Kran zum Heben der Kohlebehälter wiesen Lokstationen dagegen nur auf, wenn dort mehrere Maschinen am Tag ihre Vorräte ergänzten, um anschließend ihre Rückfahrt anzutreten. Das Brennmaterial lagerte man ursprünglich in überdachten Schuppen mit Bekohlungsbühne, später auch in offenen Bansen oder auf einfachen Halden.

Entschlackt wurden die Maschinen in mittels Blechen verkleideten Vertiefungen im Zufahrtsgleis vor dem Schuppen oder direkt in die offene Untersuchungsgrube. Die Schlacke und die Rauchkammerlösche schaufelte man danach in einen kleinen Bansen oder fuhr sie mittels Schubkarren auf eine nebenliegende Halde. Entsorgt wurde die Schlacke später oft beim Wegebau, während die Lösche als feinkörniger Brennstoff im Winter zum Beheizen der Lokschuppenöfen dienen konnte.

Den Sandvorrat ergänzten die Lokpersonale im Normalfall mittels Eimer und Leiter innerhalb des Lokschuppens. Dazu stiegen sie auf den Lokkessel und schütteten den Sand in den geöffneten Sanddom. Zur Trocknung des angelieferten Sands befand sich nur an wenigen Orten im Lokschuppen ein kleiner Ofen. Stattdessen lieferte man in der Regel bereits getrockneten Sand, in handlichen Säcken verpackt, aus dem nächstgelegenen Bw per Bahn an.

Den Wasservorrat füllten die Loks aus kleinen Wasserkränen, welche entweder frei stehend oder gelegentlich als Wandkran am Lokschuppen oder in der Epoche I am Wasserhaus hingen. Der Wasservorratsbehälter befand sich erhöht oft direkt im hinteren Schuppenteil im Dachgebälk oder einem kleinen Turmanbau. Ein größerer, separat stehender Wasserturm war in Lokstationen nur vorhanden, wenn auch der angrenzende Bahnhof mitversorgt wurde. Dort stand dann ein leistungsfähiger Wasserkran, um das Befüllen zeitlich etwas zu beschleunigen.

Von den Dimensionen her stellte Kalbe fast ein kleines Bw dar, allerdings verraten die Anlagen den wirklichen Status als Lokstation.

Lokstationen im Modell

Gemessen an den notwendigen Platzansprüchen sind Lokstationen eigentlich ideal für kleine Modellanlagen, denn sie lassen sich ohne Einschränkungen umsetzen. Zu beachten ist lediglich, dass der gewählte Bahnhof ein Streckenendpunkt oder Abzeigbahnhof ist oder sich dort ausgedehnte Güterverkehrsanlagen mit erforderlichem Rangierdienst befinden. In allen diesen Fällen ist eine Lokstation gerechtfertigt. Handelt es sich dagegen um einen reinen Durchgangsbahnhof, ist eine Lokstation

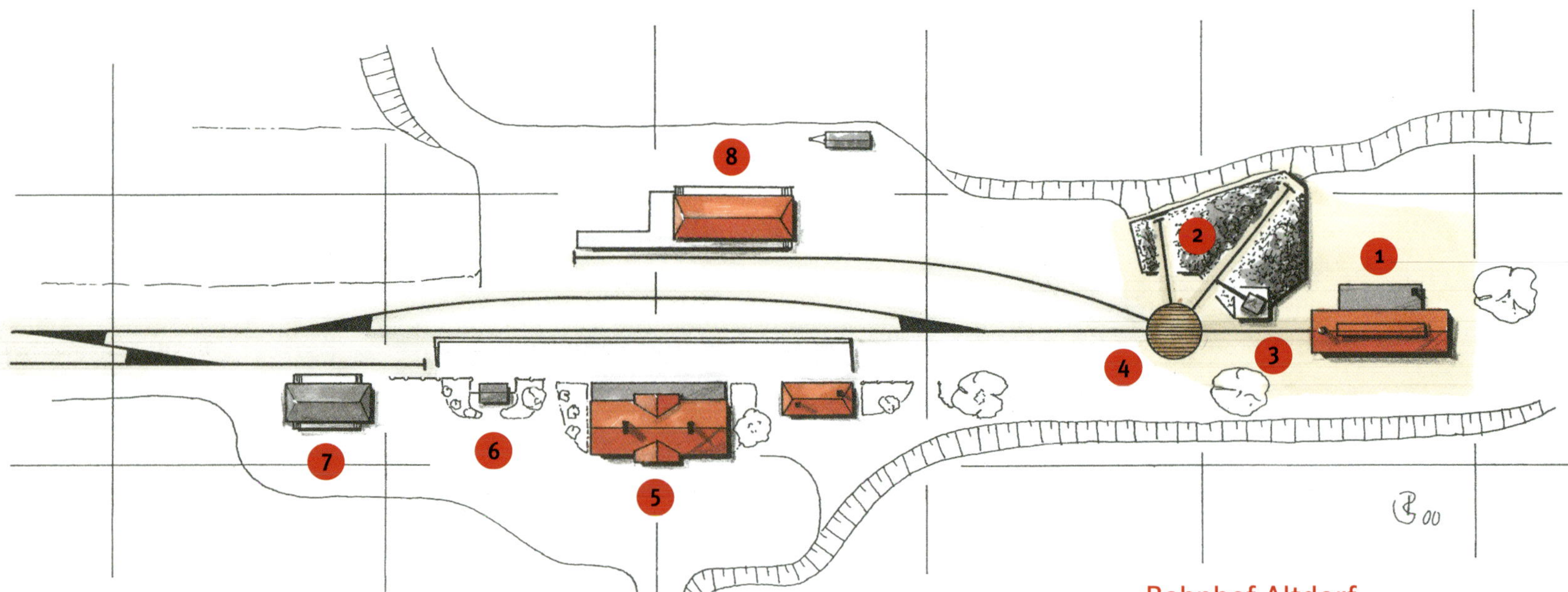

Bahnhof Altdorf

Der Bahnhof Altdorf ist der Endpunkt einer kleinen Nebenbahnstrecke zu Zeiten der Königlich Bayerischen Staatsbahn (K. Bay. St.B.).

1. Lokschuppen mit integriertem Wasserbehälter
2. Kohlebansen
3. Bekohlungskran mit Hunt
4. gedeckte 8-m-Drehscheibe
5. Bahnhof mit Empfangs- und Nebengebäude
6. Abort
7. Güterschuppen der Staatsbahn
8. privater Güterschuppen

nur durch die Streckengeografie zu begründen, wenn nämlich Züge über lange Rampen nachgeschoben werden.

Die Auswahl an passenden Gebäudebausätzen ist hoch, und für jeden Geschmack wird sich etwas finden. Anders als bei einem Betriebswerk ist der Lokschuppen in der Lokstation das bestimmende architektonische Element. Als Klassiker unter den Fachwerklokschuppen und für Lokstationen sehr gut geeignet ist Fallers Duderstadt in zwei- oder auch dreiständiger Ausführung. Der Schuppen besitzt einen integrierten Wasserturm sowie einen kleinen Anbau, der sowohl als Werkstatt wie auch Aufenthalts- und Übernachtungsraum interpretiert werden kann. Bei der dreiständige Version kann der verkürzte Stand zudem gut als Triebwagen- oder Köf-Abstellplatz dienen.

Zu den aktuell detailliertesten Großserienmodellen zählen die Lokschuppen von Auhagen in Ziegelfachwerk-Bauweise. Es gibt einen einständigen mit angesetztem Wasserturm sowie einen zweiständigen ohne verschiedene Nenngrößen.

Eine Werkstatt für größere Reparaturen besaßen die regelspurigen Lokstationen grundsätzlich nicht. Bei der Umsetzung ins Modell ist daher zu beachten, dass Achssenken bzw. Fahrzeughebeböcke, Rohrblasgerüste oder die kleinen Kompressorhäuser nur in Schmalspurlokstationen berechtigt sein können.

Die untere Lokstation (Selbstbau) passt auf jede Modellbahnanlage. Sie liegt am Streckenende und dient Ende der Epoche III nur noch zum Auffrischen der Wasservorräte und als Abstellunterstand für die Nacht.

Zur Ausstattung der Bekohlungsanlagen empfehlen sich kleine Bansen mit Drehkran zum Heben von Hunten oder ein Galgen zum Heben von Körben auf eine einfache Holzbühne. Eventuelle Bansenwände bestehen aus alten Schienenprofilen, selten sind sie gemauert. Entlang des Kohleladegleises genügt eine kleine Wand bis zur Höhe Wagenboden, welche bei Vorbild ein Hineinrutschen der Kohle ins Gleis verhindern sollte. Dahinter kann die Kohle in loser Schüttung aufgehäuft werden. Mehrere Bastkörbe, aus Messing nachgebildet, und eine Schaufel dienen zur Dekoration.

Schlicht fällt auch die Entschlackung aus: Mit den Untersuchungsgruben von Auhagen oder Peco/Weinert kann man sehr leicht einen kleinen Sumpf selbst bauen, dessen Inhalt anschließend von Hand ausgeschaufelt wird. Passende Schürhaken finden sich in einem Set von Weinert, die erforderlichen Figuren z. B. unter den Bauarbeitern im Preiser-Sortiment. Allerdings müssen aus ihren Helmen mittels Feile Schirmmützen gebastelt und die Figuren zusätzlich schwarz oder dunkelgrau angemalt werden.

Auf den Einsatz des typischen Bockkrans mit Hunten in der U-Grube sollte man an diesem Ausschlackplatz verzichten.

Für die Wasserversorgung genügen ein einfacher länderspezifischer Wasserkran, welcher entweder separat aufgestellt oder als Wandwasserkran montiert wird, sowie ein Wasserschlauch.

Wie auf der Insel Rügen hatten Endpunkte von Schmalspurstrecken bescheidene Behandlungsanlagen.

Kleine Bahnbetriebswerke

Sie besitzen die gleichen technischen Anlagen wie größere Bw, benötigen aber weniger Platz – für den Modellbahner bieten sie sich daher besonders zur Gestaltung an.

Der gewaltige Rechteckschuppen, hier die Nachbildung des Bw Tegernsee, bietet je nach Typ und Länge bis zu sechs Dampflokomotiven Platz.

Verfügt der Lokschuppen, im Normalfall ein langer Rechteckschuppen, über drei bis neun Abstellplätze nebst Werkstatt, spricht man von einem kleinen Betriebswerk. Lediglich bei überwiegendem Einsatz von Schlepptenderloks waren auch Ringschuppen mit Drehscheibe üblich. Alternativ konnte sich auch hinter oder neben dem Rechteckschuppen eine Drehscheibe befinden. Mancherorts, beispielsweise in der sächsischen Oberlausitz in den Bahnhöfen Zittau, Bischofswerda, Arnsdorf oder auch im Thüringischen Altenburg, lagen die Drehscheiben direkt neben dem Empfangsgebäude und ersparten auf diese Weise bei endenden Strecken längere Weichenverbindungen und dienten dort vorrangig dem Wenden ankommender Schlepptenderlokomotiven.

Zum Lokschuppen selbst gehörte eine eigene Werkstatt für leichte Instandsetzungsarbeiten. Ein kleiner Kompressor lieferte die Druckluft zum Antrieb der wichtigsten Maschinen in der Werkstatt.

Zu den bescheidenen Behandlungsanlagen, die ursprünglich für kleine Länderbahnloks ausgelegt waren, gehörten die Korbbekohlung oder ein stationärer Kohlenkran mit Hunten. Bei einem Bw in Hanglage bevorzugte man auch gern kleine Sturzbühnen. Das zugehörige Kohlenlager sollte genügend Lagerfläche zur Versorgung der Fahrzeuge für sechs bis acht Wochen bieten.

Der Einsatz von schienengebundenen Greiferkränen in der Bekohlung kleiner Bw verbietet sich. Lediglich ab der späten Epoche III können kleinere Eisenbahndrehkräne zu Direktbekohlung verwendet werden, da diese dann nach Modernisierungen in anderen größeren Bw übrig blieben und nun die Arbeit in der altersschwachen stationären Anlage erleichterten.

In der Werkstätte des Schmalspur-Bw Westerntor der HSB werden 2010 neben Dampfloks auch Waggons und Triebwagen gewartet.

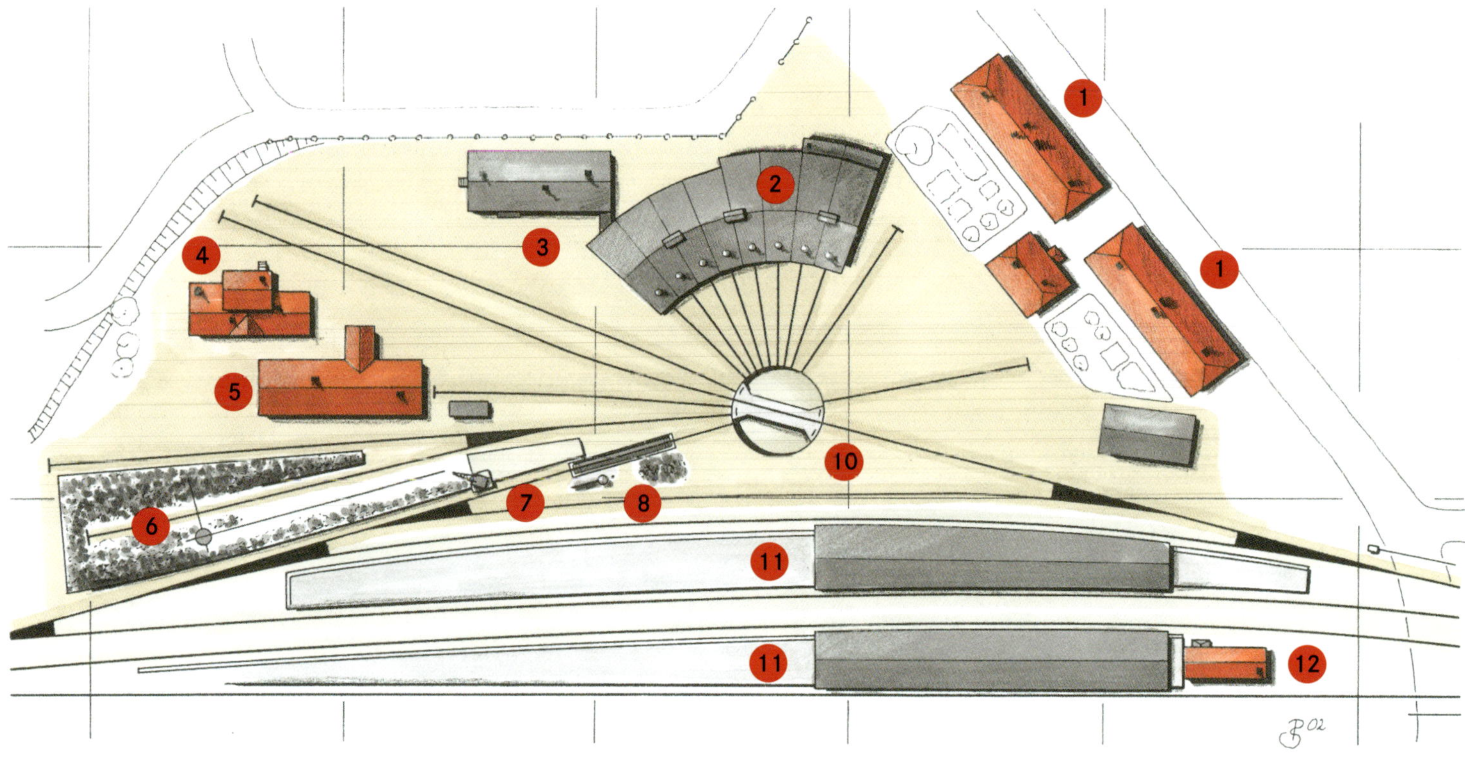

Bahnbetriebswerk Parchim

Das Bw Parchim in Mecklenburg erhielt als regionaler Bahnknoten bereits im 19. Jahrhundert einen fünfständigen Ringschuppen mit einer Drehscheibe als Zugang. Nach umfangreichen Erweiterungen bot ab 1915 ein achtständiger Schuppen ausreichend Platz für die dort beheimateten Dampflokomotiven.
Von den Gebäuden des ursprünglichen Bahnbetriebswerkes nutzte man aber nur den Wasserturm und einen als Werkstatt umgebauten Rechteckschuppen weiter, der Rest wich den Neubauten (Zustand um 1925).

1. Eisenbahner-Wohnhäuser
2. Lokschuppen
3. Lokleitung und Büro
4. Wasserturm mit Unterkünften
5. Werkstatt
6. Kohlebansen
7. Kohlenkran für Bekohlung mit Loren
8. Wasserkran
9. Schlackegrube
10. 16,5-m-Drehscheibe
11. Bahnsteig
12. Stellwerk

Weitere Abweichungen

Zudem verfügten kleine Bw im Vergleich zu Lokbahnhöfen oft über einen Entschlackplatz mit Bockkran zum Heben des nach dem Ausschlacken der Lokomotive mit Schlacke gefüllten Huntes und dessen Ausladung über einem im Nebengleis stehenden Schlackewagen. Für die Lösche gab es einen kleinen Bansen. Aber auch einfache, fallweise mit Wasser gefüllte U-Gruben dienten als Ausschlackplatz. Dann musste die Schlacke durch den Schlackearbeiter in einer Betriebspause mühsam von Hand aus der Grube ausgeschaufelt werden.

Ein Sandturm mit Druckluftbefüllung war eine Ausnahme. Die Besandung erfolgte in vielen Klein-Bw im Schuppen mittels Eimern, in denen der getrocknete Sand vom Trockenofen zum Sanddom der Lok über einen Leiteraufstieg durch den Schuppenarbeiter gelangte.

Zur Versorgung der Wasserkräne verfügte das Bw über einen eigenen kleineren, freistehenden Wasserturm beziehungsweise in einigen Regionen auch über ein sogenanntes Wasserhaus. In Mittelgebirgen konnte das Wasserreservoir auch oberhalb des Bw in Hanglage errichtet sein.

In einem Anbau zum Lokschuppen oder auch separat befanden sich ein Sozialtrakt mit Wasch- und Umkleideräumen für die Lokpersonale und Büroräume.

Klein-Bw im Modell

Wegen ihrer Gesamtabmessungen eignen sich kleine Betriebswerke sehr gut als Anlagenthema, zumal neben dem Klein-Bw genügend

Drehscheiben kommen in kleinen Bw seltener vor, und wenn, dann dominieren kürzere Länderbahntypen.

Gerade in schmalspurigen Bw fallen die Anlagen sehr kompakt aus und können, wie im Fall Zittau, Bestandteil regelspuriger Anlagen sein. Zudem obliegt ihnen regelmäßig die Wagenreparatur.

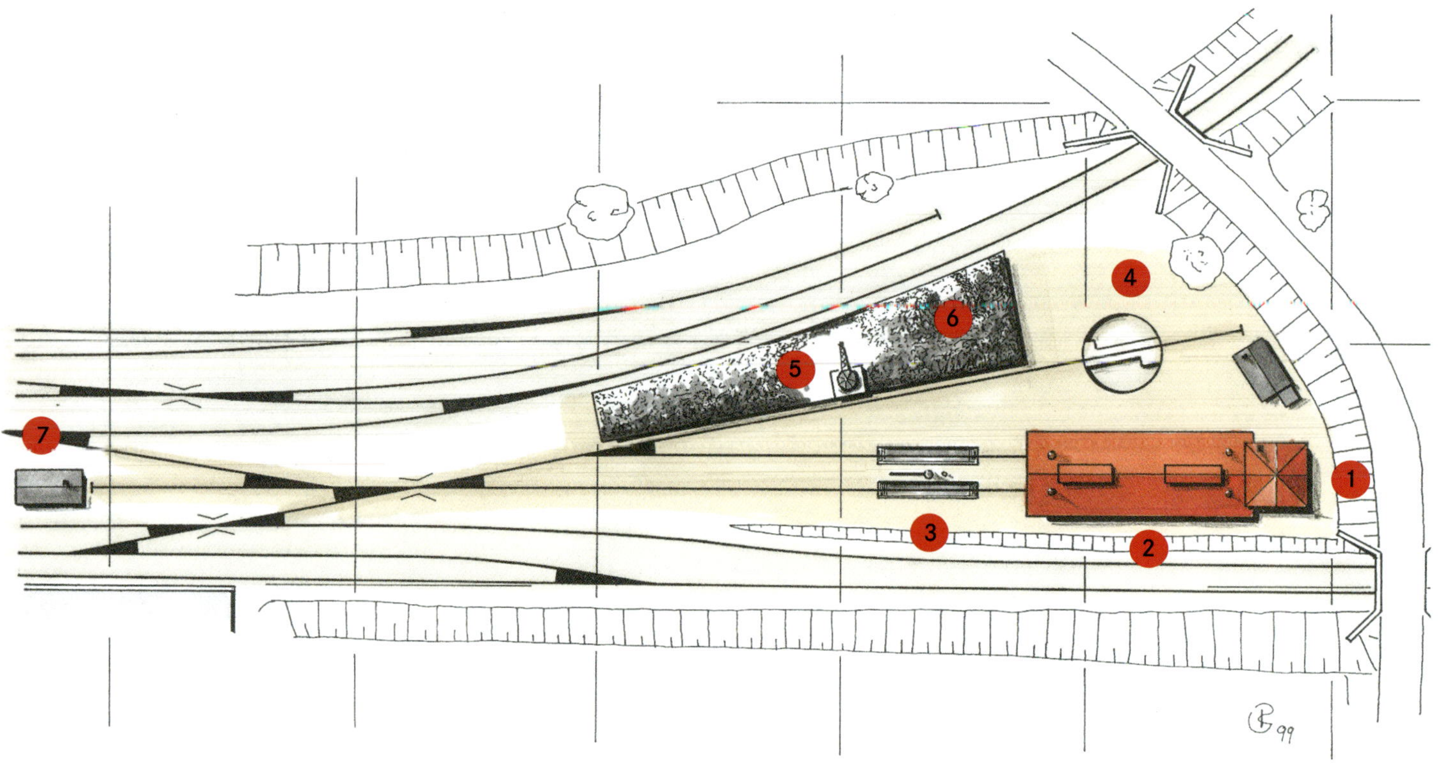

Bahnbetriebswerk Solingen-Ohligs

Das kleine Bw Solingen-Ohligs lag zwischen der Hauptstrecke nach Wuppertal und der im Bahnhof beginnenden Strecke nach Solingen Hbf. Es war nur mit den nötigsten Elementen ausgestattet, um die Personenzuglokomotiven der BR 38.10 sowie eine Güterzuglok der BR 55.25 oder 57.10 behandeln und gegebenenfalls wenden zu können. Die Bekohlung erfolgte durch einen kleinen, motorisierten und ortsfesten Drehkran, mit dem die gefüllten Hunte auf Tenderhöhe gehoben wurden. Der Lokschuppen mit seinen beiden Gleisen bot ausreichend Platz für die Lokomotiven, die für den Rangierdienst im Bahnhof eingeteilt waren. Entschlackt wurde vor dem Schuppen.

1. Werkstatt mit erhöhtem Wasserbehälter
2. Lokschuppen
3. Entschlackungsgruben mit Wasserkran
4. 16,5-m-Drehscheibe
5. Bekohlungskran für Hunt-Bekohlung
6. Kohlebansen
7. Stellwerk

(Zustand um 1950)

Raum zur Andeutung des gesamten betrieblichen Umfeldes des Bahnhofs sowie der Landschaft bleibt. Den Mittelpunkt kleiner Bw bildet der Lokschuppen, obgleich die Behandlungsanlagen auch größer ausfallen können.

Infrage kommen als Schuppentypen mehrgleisige Rechteck- und Ringlokschuppen. Erstere sind in entsprechender Größe leider nicht erhältlich, sie müssen für ein glaubwürdiges Abbild aus mehreren gleichen Bausätzen durch Kitbashing entsprechend erweitert werden. Dabei hat man die Option, beide Stirnseiten mit Toren auszurüsten. Dies wiederum ist dann interessant, wenn beispielsweise eine Seite über Weichenstraßen, die andere über eine Drehscheibe angebunden ist, wie in Annaberg-Buchholz.

Als Ringlokschuppen bieten sich fast alle Bausätze kürzerer Schuppen an, die Auswahl richtet sich im Einzelfall vordergründig nach der verfügbaren Drehscheibe.

Eigentlich sollte man nur kürzere Scheiben nutzen, da in kleineren Bw selten große Schnell- oder Güterzugloks beheimatet waren. Vielmehr traf man dort bis in die Epoche III hinein nur Loktypen wie beispielsweise die preußischen P8 (BR 38), G8.1 (BR 55), G10 (BR 57) oder G12 (BR 58), welche maximal 18 Meter lang sind. Allerdings findet sich als handelsübliches Großserienprodukt bei Fleischmann nur eine 16,5-m-Scheibe; die nächste ist die 22-m-Version von Roco. Auf diese passen dann auch schon Einheitsloks wie die BR 50. Abhilfe schaffen dort nur die investitionsintensiveren Produkte von Kleinserienherstellern wie Hapo.

Dieses Bw in Mazedonien während des Ersten Weltkriegs zeigt, welchen Umfang selbst kleine Bw erreichen können. Bekohlt wird über eine hölzerne Sturzbühne mit Kipploren.

Das schmalspurige Bw der Brohltalbahn aus der Vogelperspektive. Die Strecke im Hintergrund führt zum Rheinhafen Brohl.

Für die Ausstattung der Bekohlungsanlage greift man zweckmäßigerweise auf Bausätze mit Kränen auf Hochsockeln zurück. Es gibt sie bei fast allen Herstellern, teils mit Greifern, überwiegend jedoch mit Hunten. Ältere Bw können auch einen Kohlelagerschuppen mit seitlicher Verladerampe aufweisen, an der mittels Bastkörben die Kohle per Hand auf den Tender verladen werden. Vor allem in Sachsen hielten sich diese lange.

In allen Fällen sollte sich das Kohlenlager des Bw nicht allein auf die mit den Bausätzen gelieferten und regelmäßig zu kleinen Bansen beschränken, sondern entsprechend der räumlichen Möglichkeiten der eigenen Anlage noch erweitert werden. Bei Verwendung einer Sturzbühne darf man auch das höher liegende Zufahrtsgleis für die Kohlewaggons nicht vergessen!

Als Entschlackungsanlage in kleineren Bw bieten sich neben der Verwendung von Bockkränen oder eines Schrägaufzuges (Faller) auch einige Produkte verschiedener Kleinserienhersteller an, beispielsweise ein fahrbarer Schlackenkran nach badischem Vorbild von Heico. Leider ist dieser nur noch gebraucht zu finden. Auch ein Förderband zum Umladen der Schlacke in einen Schlackewagen ist denkbar.

Die Besandung im Modell-Bw fällt bescheiden aus, da die entsprechenden Vorräte der Loks oft von Hand im Schuppen ergänzt worden sind. Hier liegen in einer Schuppenecke diverse Sandsäcke, stehen leere Metalleimer sowie eine an der Wand angelehnte Leiter und eventuell eine Waage. Als freistehende mechanische Anlage kann der kleine Besandungsturm von Kibri, wie er beim Vorbild einst im Bw Lindau stand, dienen. Er wird zusammen mit einer kleinen Bekohlungsanlage im Bausatz angeboten.

Als Wassertürme auch für kleinere Dienststellen empfehlen sich die klassischen Bausätze, allerdings sollten sie so aufgestellt werden, dass sie die Wasserkräne am Bahnsteig mitversorgen. Doppelwassertürme oder große Türme wie der Wasserturm Wedau von Kibri verbieten sich allerdings.

Als Sozialgebäude für das Klein-Bw können Bausätze wie Auhagens Bahnwohnhaus mit Nebengebäude oder die Eisenbahnerwohnhäuser von Kibri und Vollmer dienen, sofern nicht der gewählte Lokschuppen selbst über einen entsprechenden Anbau verfügt.

Abgerundet wird die Ausstattung des Bw-Areals durch einige kleine Grünbereiche mit Bänken und Hinweistafeln.

Typisch für kleine Betriebswerke sind Behandlungsanlagen mit hohem Anteil an Handarbeit. Teure Technik hätte sich jedoch seinerzeit nicht rentiert.

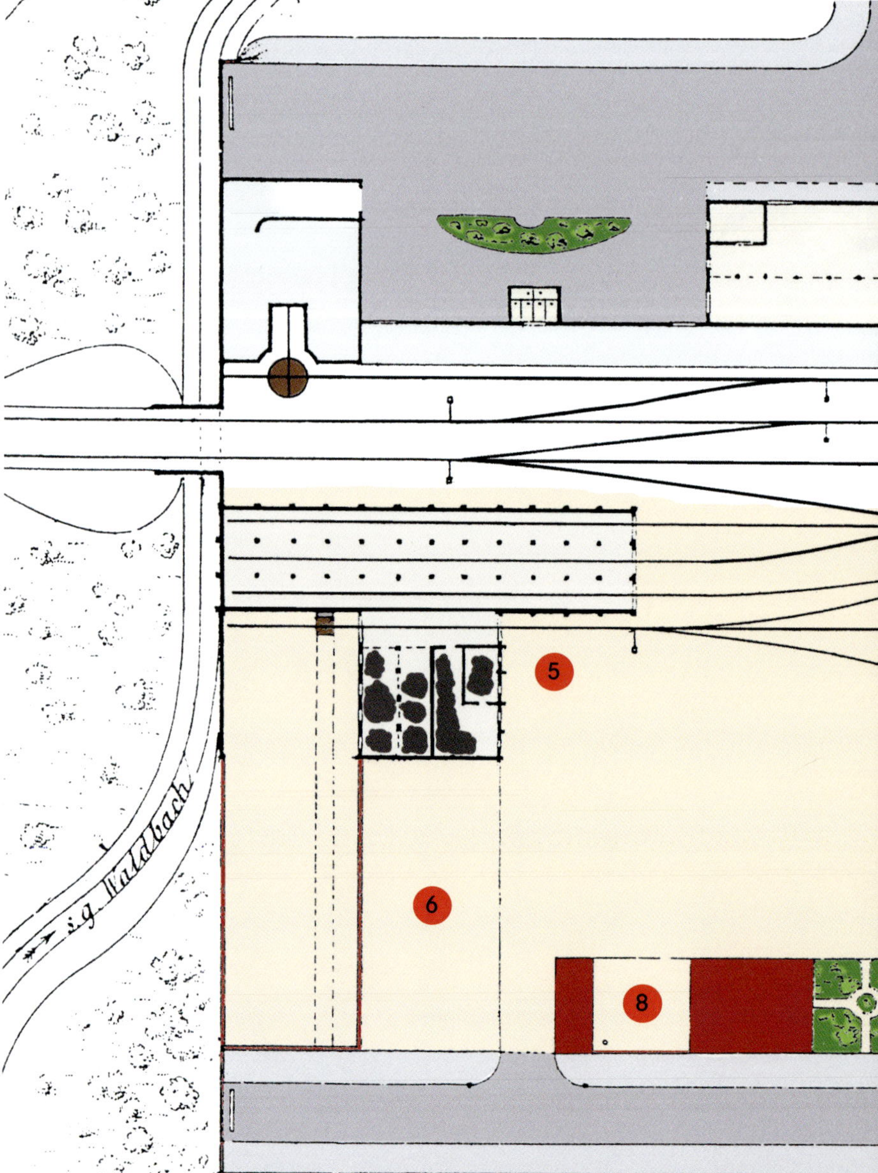

Der aufgebockte und mit Elektroantrieb ausgerüstete Kranwagen ersetzte in Cranzahl die Korbbekohlung (1987).

Bahnbetriebswerk Offenburg

Zur Zeit der Badischen Staatsbahn im Zustand um 1860 zählte Offenburg mit seinen dem stattlichen Empfangsgebäude gegenüberliegenden Lokbehandlungsanlagen zu den kleinen Betriebswerken.
Sowohl der Werkstattschuppen mit Kohlelager (links) wie auch Lokschuppen waren als Rechteckschuppen ausgeführt. Rechts mit Schiebebühne ist die Wagenwerkstatt erkennbar.
Sofern Bedarf bestand, wendete man die eingesetzten Loks auf einer der Bahnhofsdrehscheiben. Fallweise wurden dazu Lok und Tender vorab getrennt, weil beides zusammen nicht auf die kurze Bühne der Drehscheibe passte.

1. Maschinenhaus für Loks und zugehörige Tender
2. Wasserturm/Heizung
3. Dreherei
4. Schmiede
5. Kohle- und Materiallager
6. Erweiterung für Kohlelager
7. Wagenwerkstatt
8. Wohnhäuser mit Nebengebäuden/Stallungen

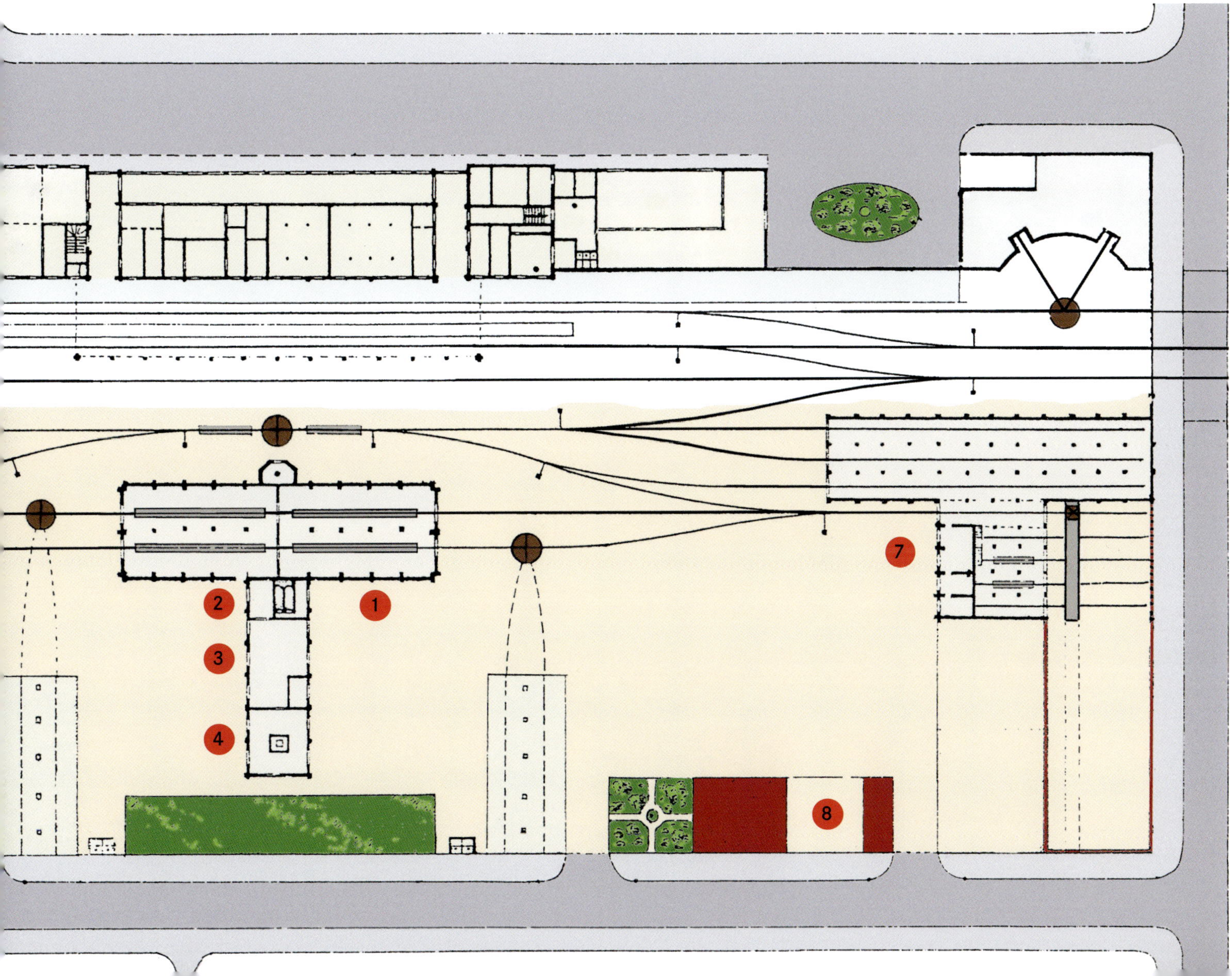

Mittlere Bahnbetriebswerke

Mittelgroße Bahnbetriebswerke waren in Deutschland vielerorts vertreten. Ihre Dimensionen blieben oft überschaubar, was ideal für eine Modellumsetzung ist.

Die Bekohlung in einem mittelgroßen Bw kann im Flachland auch mittels einer Stürzbühne (Selbstbau) erfolgen. Hauptsache, der Schlepptender wird schnell voll.

Ottbergen, Halberstadt oder Bautzen zählen sicher zu den bekanntesten Vertretern mittelgroßer deutscher Bahnbetriebswerke. Solche verfügten über neun bis 20 überdachte Abstellplätze für Lokomotiven. Die Ausmaße derartiger Dienststellen sind in den meisten Fällen noch so, dass man sie auch auf einer Modellbahn weitgehend glaubwürdig umsetzen und zusätzlich einen Teil des typischen Bahnhofsumfelds gestalten kann. Natürlich eignen sich mittlere Bw auch als eigenständiges Anlagen- oder Dioramenthema, etwa zur Präsentation einer größeren Fahrzeugsammlung.

Die Standardbauform waren dort Ringlokschuppen mit klassischem Zugang über Drehscheiben, unterteilt in einen Werkstatt- und einen Abstellbereich. Rechteckschuppen wie im Bw Rottweil waren eher selten. Wenn vorhanden, wurden sie auf mindestens einer Seite über Weichenstraßen an die Behandlungsanlagen angebunden. Die Drehscheibe zum Wenden von Schlepptenderloks befand sich entweder auf der anderen Schuppenseite oder auch daneben.

Die Behandlungsanlagen mittlerer Bw lassen sich in zwei Grundtypen einteilen. Beiden ist gemein, dass sie mindestens zwei Maschinen gleichzeitig versorgen können mussten. Beim ersten Typ gehörten zwei stationäre Kohlenkräne mit Hunten (in der DDR auch schon mal mit Greifern) sowie ein Bockkran für die Entschlackung mitsamt Untersuchungsgrube und einem separaten Schlackewagengleis zur Grundausstattung.

Im Bw Aue bekohlte man Anfang des 20. Jahrhunderts mit Körben und Aufzug. Die Länderbahn-Drehscheibe war noch vollständig abgedeckt.

DB
57 2147

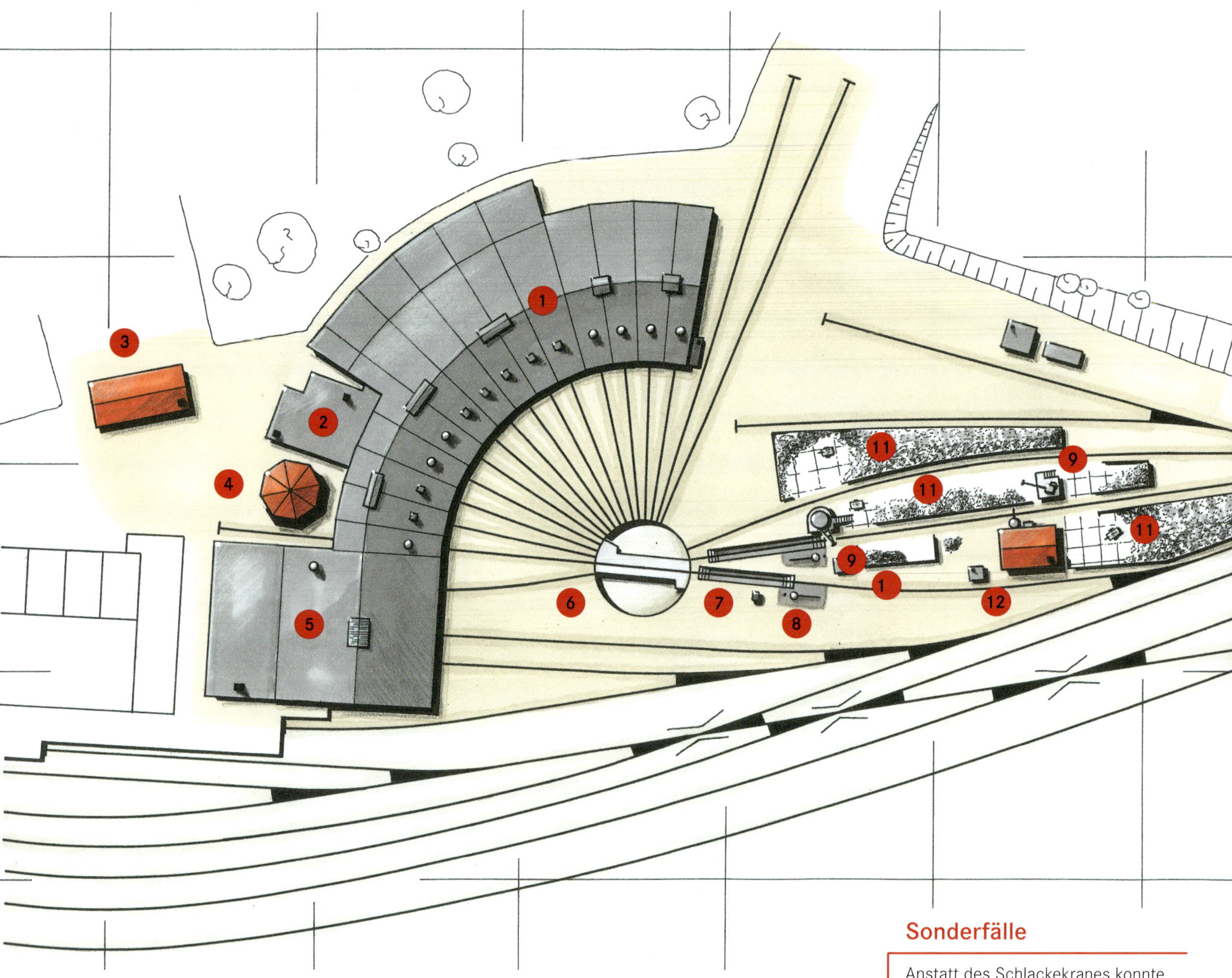

Legende Bahnbetriebswerk Husum Nord

Husum liegt an der Bahnstrecke von Hamburg nach Westerland auf der Insel Sylt. Das Bw Husum Nord war von Beginn an ausschließlich Heimat und Versorgungsstützpunkt für dort stationierte Dampflokomotiven. (Zustand um 1950)

1. Lokschuppen
2. Werkstatt
3. Verwaltung
4. Wasserturm
5. Wagenwerkstatt mit Stofflager
6. 20-m-Drehscheibe
7. Entschlackungsgrube
8. Wasserkran
9. Bekohlungskran für Hunt-Bekohlung
10. Löschebansen
11. Kohlebansen
12. Stellwerk mit Besandungsbehälter
13. Bahnsteig

Sonderfälle

Anstatt des Schlackekranes konnte in mittelgroßen Betriebswerken der DR auch ein kontinuierlich fördernder Schrägaufzug stehen, wie er noch heute in den als Museum genutzten Anlagen in Dresden-Altstadt oder Salzwedel im Einsatz zu bestaunen ist.
Im Modell lässt er sich aus einem Förderband und Kunststoffprofilen vergleichsweise leicht nachbauen.

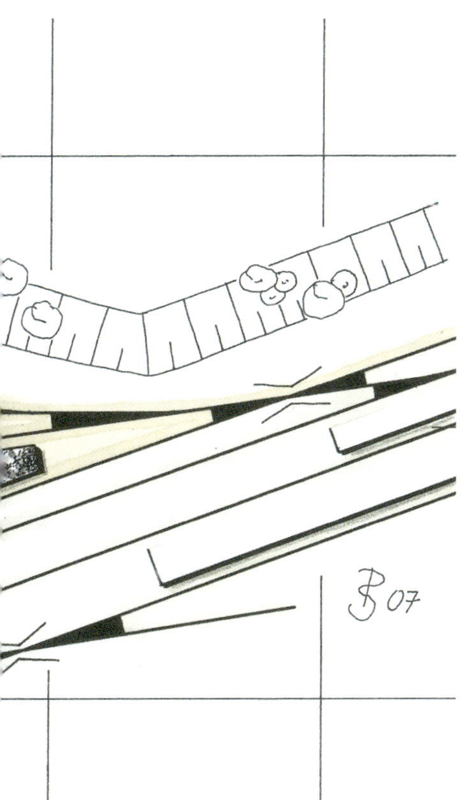

TIPP

Soll im Modell-Bw ein Greiferkran eingesetzt werden, gehört im Normalfall dazu als Bekohlung zumindest bis zur Epoche III ein Wiegebunker. Erst dann war es in der DDR im größeren Stil üblich, Dampfloks direkt mit einem Regelspurkran zu bekohlen. Zusätzlich gehört ein ortsfester Kran mit Hunten als Notbekohlung am Bansen. Die Entschlackung bestand bei mittelgroßen Anlagen mit einem fahrbaren Greiferdrehkran aus einem Schlackensumpf zwischen den Gleisen, der mittels des Krangreifers entleert wurde. Gleichfalls sollte der Kran das Vorratsgebäude der Besandung zwecks Beschickung erreichen. Nur so amortisierten sich beim Vorbild die teuren Kräne.

Schlacke-Schrägaufzug mit umlaufender Förderkette (Dresden-Altstadt 1991).

Der zweite Typ mittelgroßer Bw war weitgehend technisiert und besaß als Kern der Behandlungsanlagen einen von einem Laufkran bedienten Wiegebunker. Dann entfiel der separate Entschlackungskran, denn der Greiferdrehkran entleerte den Schlackensumpf.

Eine typisch württembergische Kombination war die Besandung direkt an der Entschlackung. Dabei trug der in der Regel ein bis drei Gleise überspannende Bockkran gleichzeitig den hoch liegenden zylindrischen Sandbehälter.

Die Reichsbahn in der DDR automatisierte in einigen mittelgroßen Betriebswerken Entschlackungsanlagen durch den Einbau spezieller Förderbänder, die mit Kratzerketten die Rückstände aus dem Sumpf in einen Schlackewagen auf dem Nachbargleis förderten.

Für eine einfachere Entladung verlegte man das Kohlenwagengleis auch direkt in den Bansen hinein.

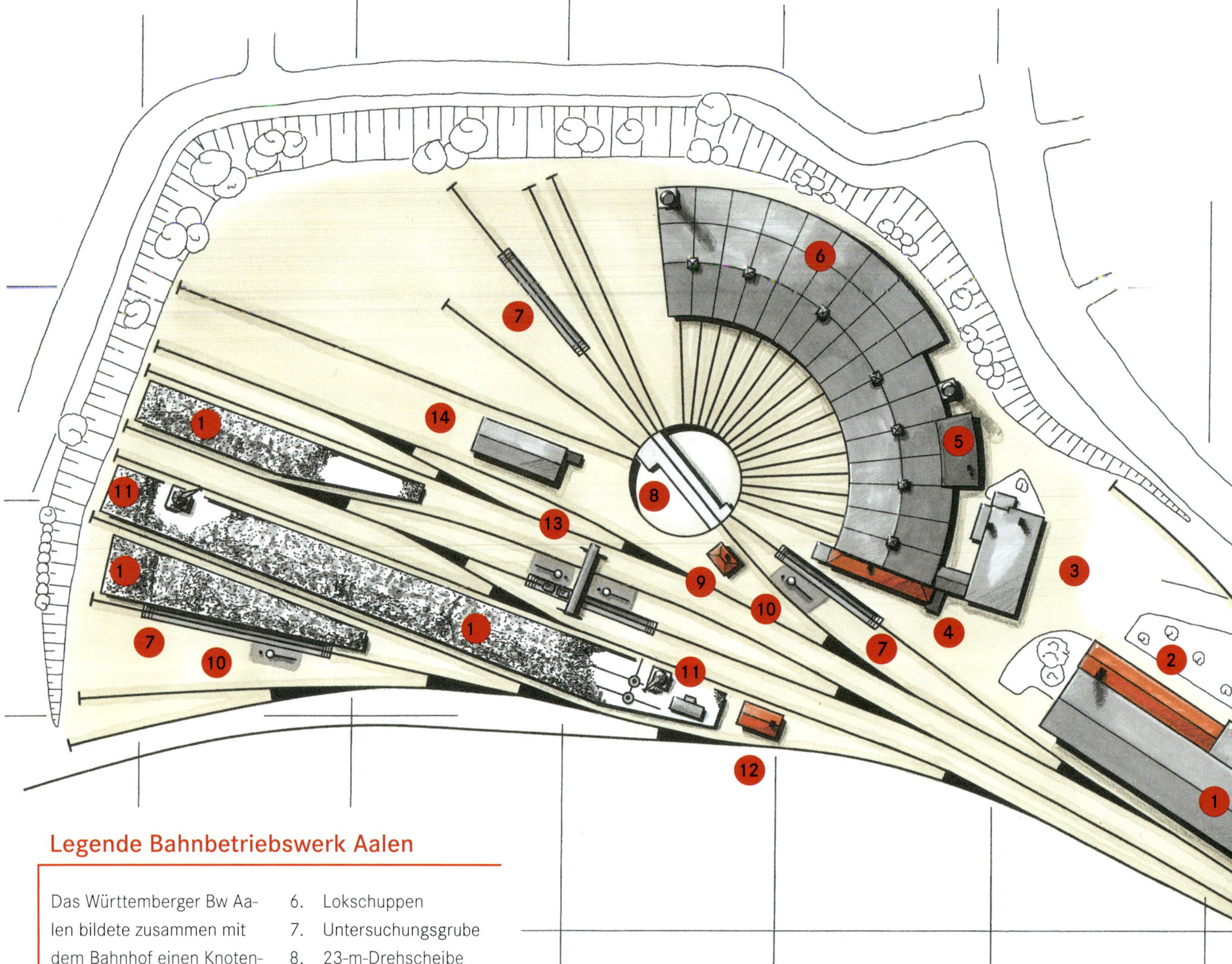

Legende Bahnbetriebswerk Aalen

Das Württemberger Bw Aalen bildete zusammen mit dem Bahnhof einen Knotenpunkt mit Strecken nach Stuttgart, Crailsheim und Ulm. (Zustand um 1930)

1. Triebwagenhalle
2. Werkstätten
3. Garagen
4. Lokleitung und Büros
5. Übernachtungsgebäude für auswärtiges Personal
6. Lokschuppen
7. Untersuchungsgrube
8. 23-m-Drehscheibe
9. Stellwerk
10. Wasserkran
11. Bekohlungskran für Hunt-Bekohlung
12. Aufenthaltsraum für Personal
13. Entschlackungsgruben mit Bockkran
14. Holzlager
15. Kohlebansen

Werkstätten

Der Werkstattbereich des Schuppens verfügte über eine größere stationäre Pressluftanlage zur Versorgung der Maschinen und des Rohrblasgerüstes. Zudem waren eine Schmiede sowie eine Elektro- und Pumpenwerkstatt vorhanden. Zur Durchführung von Fristarbeiten besaß das mittelgroße Bw neben dem Rohrblasgerüst auch eine Achssenke zum Radtausch in der Werkstatt sowie mindestens ein Auswaschgleis für Lokkessel.

Zur Versorgung der Wasserabgabestellen verfügte das Bw über einen mittelgroßen Wasserturm, oft noch aus der Länderbahnzeit. Manchmal standen zwei oder drei kleinere nebeneinander, deren Was-

Das Bw Koblenz hatte kaum Platz, um sich auszudehnen. Die Kohlelagerfläche verteilte sich daher auf mehrere Bansen auf, was umständlich war, denn die Kohle musste so mehrmals umgeladen werden, bis sie schließlich per Drehkran auf den Loktender gelangte.

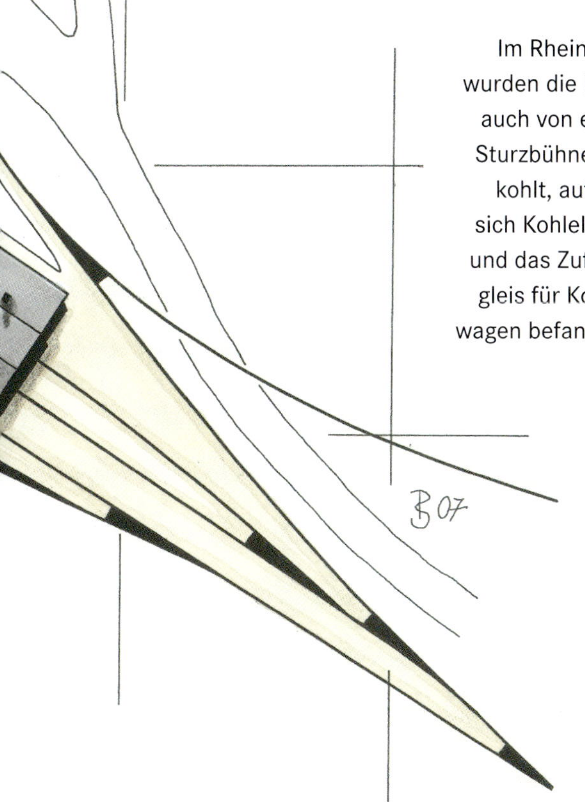

Im Rheinland wurden die Loks auch von einer Sturzbühne bekohlt, auf der sich Kohlelager und das Zufuhrgleis für Kohlewagen befanden.

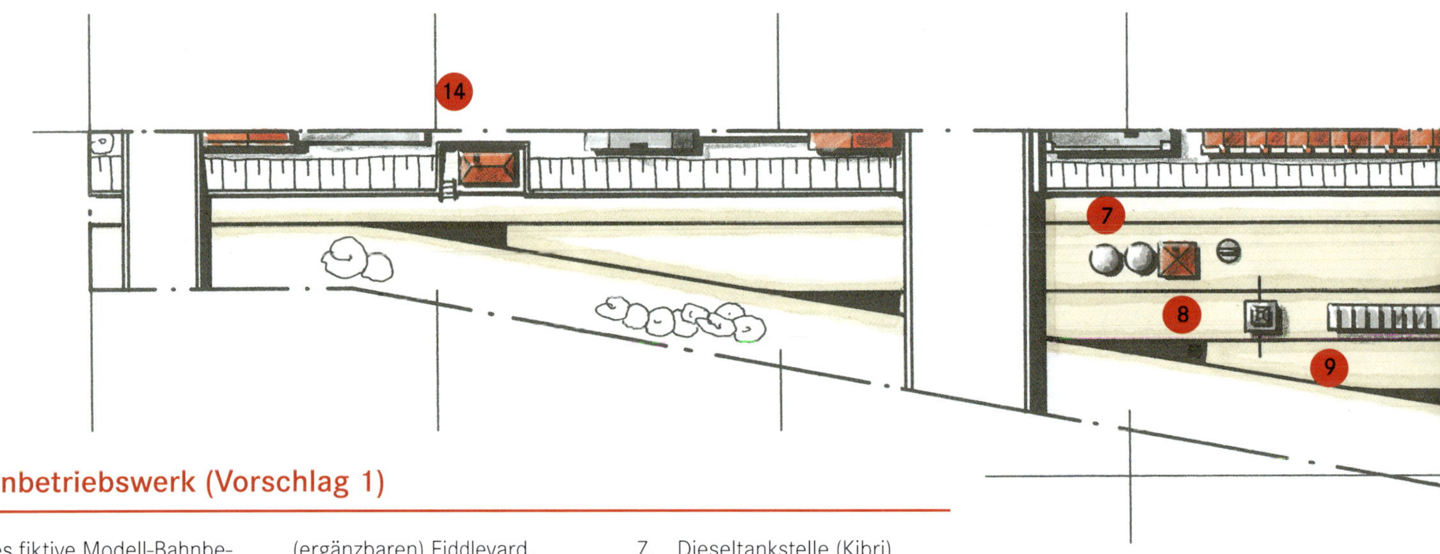

Bahnbetriebswerk (Vorschlag 1)

Dieses fiktive Modell-Bahnbetriebswerk ist hauptsächlich als Schaustück zur Präsentation von Dampflokmodellen ausgelegt. Daher fällt die Anlagentiefe bewusst gering aus, während die Länge großzügig bemessen ist. Das gibt Raum für ein genussvolles Verfahren der Modelle von einer Behandlungsanlage zur nächsten beziehungswise in den Lokschuppen sowie zu einem (ergänzbaren) Fiddleyard. (Zustand um 1960)

1. Wasserturm (B&K, Klier)
2. 26-m-Schotterbett-Drehscheibe (Superung Fleischmann-Modell)
3. Rechtecklokschuppen
4. Innenliegende Schiebebühne
5. Untersuchungsgrube
6. Wasserkran
7. Dieseltankstelle (Kibri)
8. Besandungsturm (Weinert) mit Sandhaus
9. Taschenreihenbunker
10. Regelspur-Bekohlungskran mit Hochausleger
11. Kohlebansen (Eigenbau)
12. eingleisiger Entschlackungskanal (Umbau B&K) mit zwei Waserkränen
13. Löschegrube (B&K)
14. Stellwerk

Im Bw Crailsheim konnte der Kohleabgabebunker mit Hilfe einer Lok verfahren werden, das sparte etliches an Kranwegen ein. Die Konstruktion entstand Anfang der 1920er-Jahre (Foto um 1974).

TIPP

Spätestens bei der Nachbildung von mittelgroßen Betriebswerken kommt der Gestaltung des Kohlebansens eine wichtige Rolle zu, denn all zu oft wird das Kohlenlager von Modellbauern viel zu klein gestaltet.
Betrachtet man Vorbildaufnahmen, erkennt man schnell, dass das Kohlenlager, zwischen einem Viertel und bis zu einem Drittel der Bw-Grundfläche beansprucht. Dabei kann es sich auf mehrere Bansen an verschiedenen Stellen des Bahnbetriebswerkes aufteilen. Verwendet man ausschließlich die mit den handelsüblichen Bausätzen gelieferten Bansen, sind diese jedoch zu klein. Abhilfe schafft hier nur der Eigenbau. Flexibel kann man mit den von pmt erhältlichen Weißmetallbausätzen des Kohle- beziehungsweise Schrottbansens arbeiten. Wegen des modularen Aufbaues aus Einzelteilen lassen sich vor allem bei gebogenen Gleisen in Drehscheibennähe sehr individuelle Formen umsetzen. Vergleichbare Vorteile bietet der Selbstbau aus H-Profilen und Holzleistchen, mit denen man die beim Vorbild üblichen Bansenwände aus Altschienen oder großen H-Profilen und Altschwellen nachempfindet.

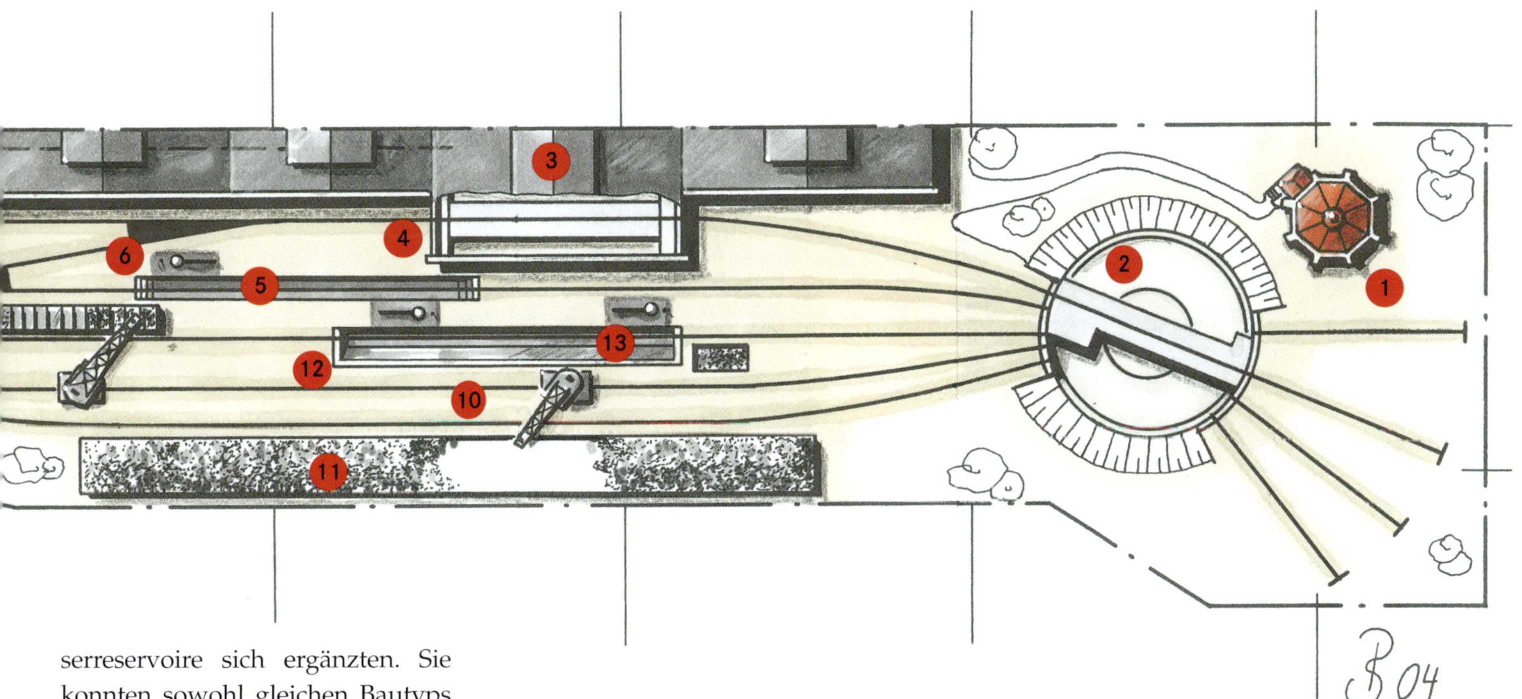

serreservoire sich ergänzten. Sie konnten sowohl gleichen Bautyps sein oder aus unterschiedlichen Epochen stammen, was auch im Modell sehr reizvoll wirkt.

Umsetzung ins Modell

Die Auswahl an passenden Ringlokschuppen ist zumindest in der Nenngröße H0 recht groß, und dank des modularen Aufbaues der meisten Bausätze lassen sie sich den eigenen (Platz-)Vorstellungen meist sehr gut anpassen.

Bei der Wahl der einzubauenden Drehscheibe sollte man darauf achten, dass kleinere Dienststellen, sofern sie keine Einheitsloks beheimateten, oft noch mit 16,5- oder 20-m-Drehscheiben auskamen, größere dagegen wegen der Einheits-Baureihen 03 oder 41 auch schon 22,5- oder 26-m-Drehscheiben besaßen.

Beim aufzustellenden Wasserturm sollten zu große Bauwerke, etwa Fallers Wasserturm Weimar, nicht in die engere Auswahl fallen. Bauwerke wie Ottbergen von Kibri oder der Wasserturm Bielefeld von Faller sind die bessere Wahl.

Ausgedehnte Kohlenlager sind auch in einem mittleren Bw schon unabdingbar, wie Ottbergen beweist.

In Sachen technischer Anlagen bietet die Zubehörindustrie einige passende Bausätze für Bekohlungs- und Entschlackungsanlagen an. Damit können beide eingangs erwähnten Grundtypen gut nachgestaltet werden. Individualisten können zudem mit den Bausätzen der Untersuchungsgruben von Auhagen, Faller oder KHK eigene Vorstellungen umsetzen. Ideal für moderne mittelgroße Bw ab den 1930er-Jahren ist die Entschlackung aus dem einstigen B & K-Angebot

Die DRG installierte in vielen Bw Einheitskräne zur Hunt-Bekohlung. In größeren Bw dienten sie, wie hier in Halle P um 1954, als Notbekohlung.

Bahnbetriebswerk (Vorschlag 2)

Der zweite Modellvorschlag gibt ein klassisches, mittelgroßes Bw wieder, dessen Vorbild in den späten 1920er- oder frühen 1930er-Jahren zeitgemäße Behandlungsanlagen der DRG-Einheitsbauart erhielt.

1. Notbekohlung
2. Brückenkran
3. Wiegebunker
4. Kohlebansen
5. Löschgrube
6. Wasserturm
7. Ausschlackanlage mit offener Grube und Gelenkwasserkränen
8. Sandhaus
9. Sandturm
10. Untersuchungsgruben
11. Lokleitung
12. 23-m-Drehscheibe
13. Lokschuppen
14. Werkstattanbau
15. Rohrblasgerüst

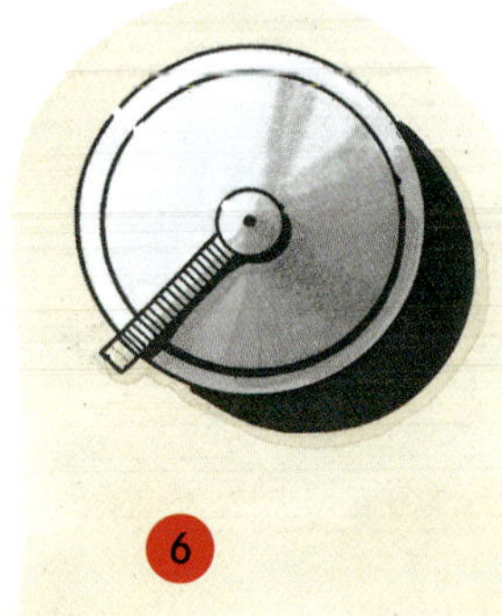

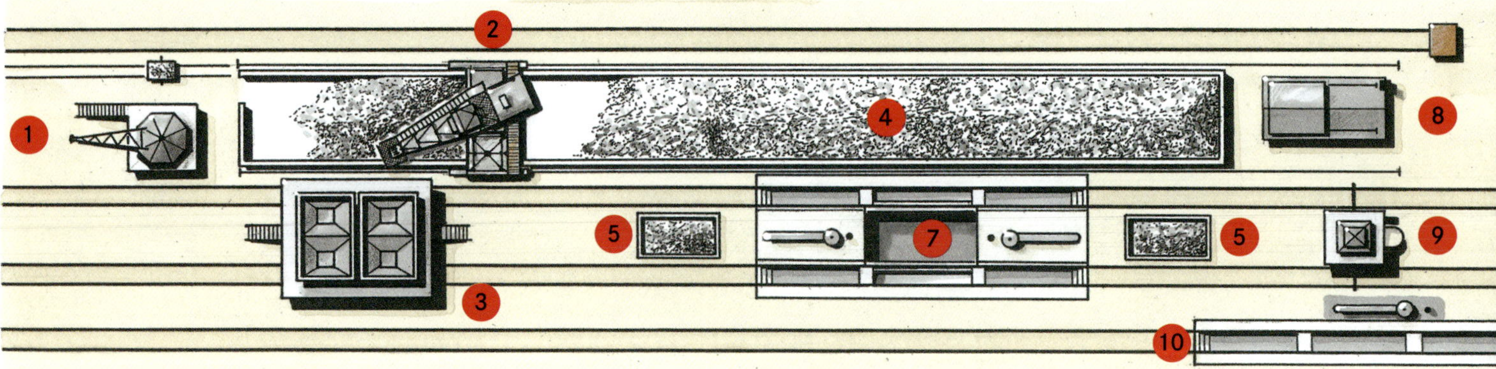

Modellbau-Material (H0)

Um vorstehenden Entwurf vorbildgerecht ins Modell umzusetzen, benötigt man folgende Bausätze (Auswahl):

- Kohlebunker (Auhagen, B & K, KHK oder Faller)
- Brückenkran (Faller, Klier oder Funktionsmodell Märklin/Trix)
- Ausschlackanlage (B & K, KHK sowie Eigenbau auf der Basis von Auhagen, Faller oder Weinert)
- Wasserturm (Faller, KHK)
- Lokschuppen (Faller, Vollmer)
- Drehscheibe (Fleischmann, Roco)
- Kohlebansen (pmt oder Eigenbau)

Ein Mittelfußbunker wie der von B & K (oder Auhagen) hat bereits im mittelgroßen Bw seine Berechtigung.

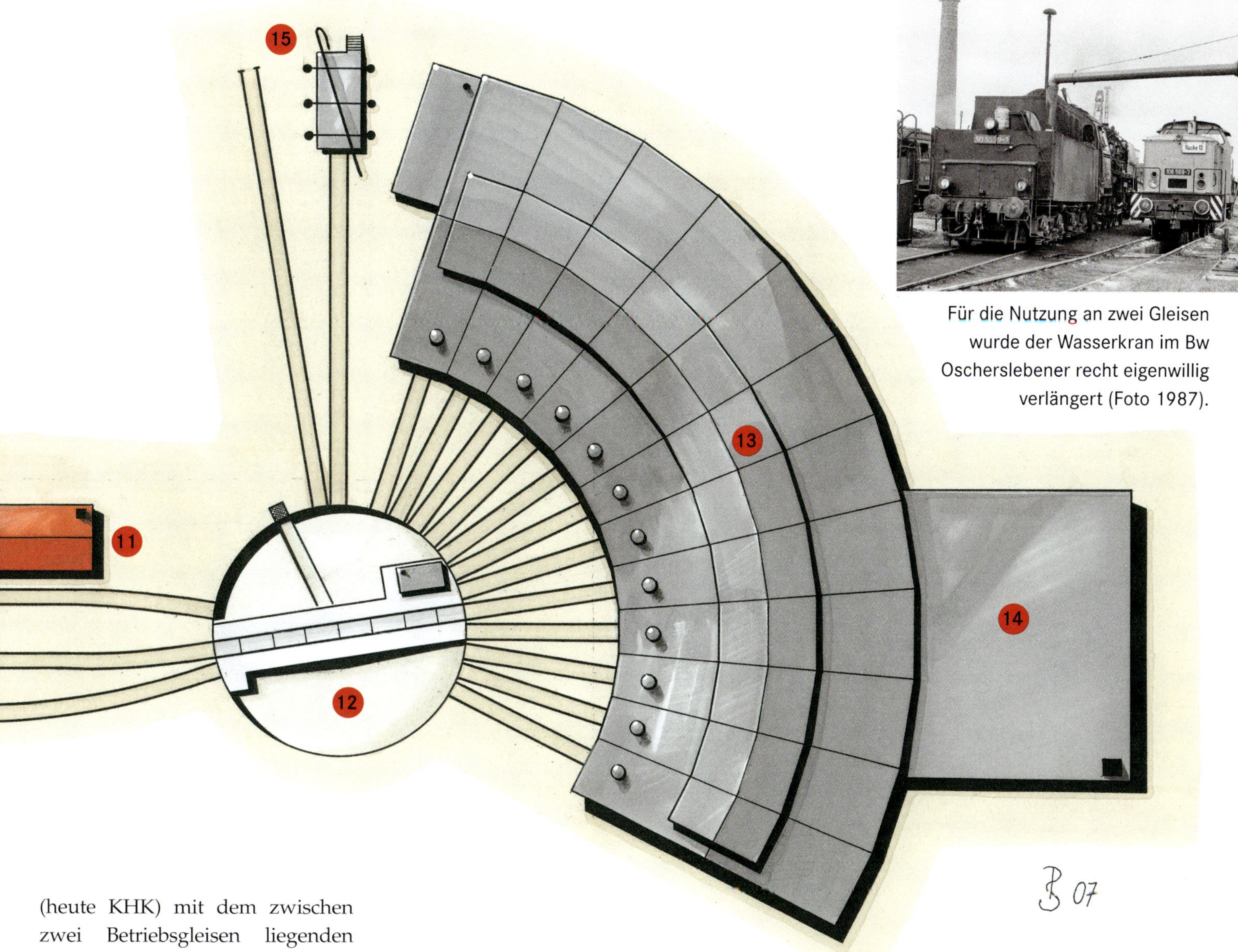

Für die Nutzung an zwei Gleisen wurde der Wasserkran im Bw Oscherslebener recht eigenwillig verlängert (Foto 1987).

(heute KHK) mit dem zwischen zwei Betriebsgleisen liegenden Schlackensumpf und separater Löschegrube, welche hin und wieder noch original im Internet angeboten wird. Den passenden DRG-Einheits-Wiegebunker, vor allem für Anhänger der späten Epoche II oder der DR-Ost, bieten Auhagen und Klier (ex B-&-K-Bausatz). Fallers Wiegebunker der DB-Einheitsbauart kann nur als eingleisiger Umbau mit einem Doppeltrichter in einem modernisierten Bw der 1950er-Jahre in Verbindung mit einem Regelspurkran aufgestellt werden.

Das Umfeld gestalten

In Sachen Umfeld weisen mittelgroße Bw einige Besonderheiten auf. So findet sich beim Vorbild am Geländerand oft ein Gleis mit kalt abgestellten Loks, die auf Reparaturen im Ausbesserungswerk warten.

Hinzu kommt in Einzelfällen ein eigenes Abstellgleis für den Hilfszug, welchen man zumindest noch eingangs der Epoche IV stets mit einer betriebsbereiten Lok bespannte.

Da in mittelgroßen Bw eine im Vergleich zu kleinen Dienststellen erheblich größere Zahl an Menschen arbeitet, sind dort separate Sozial- und Verwaltungsgebäude notwendig. Sie können direkt am Schuppen angebaut sein oder frei stehen.

Nicht vergessen werden sollten einige Bänke und Zierpflanzen in den Grünanlagen am Bw-Eingang oder als Pausenbereich zwischen Lokschuppen und Werkstatt.

Große Bahnbetriebswerke

Sie sind der Traum wohl eines jeden Modellbauers, allerdings ist der Platzbedarf für ein Groß-Bw wie etwa Hamburg-Altona für die meisten Anlagenbesitzer schlicht zu groß.

Neben ausgedehnten Lokbehandlungsanlagen rund um einen Greiferdrehkran gehören zu einem Groß-Bw unverzichtbar auch entsprechend dimensionierte Verwaltungs- und Sozialgebäude.

Von Groß-Bw spricht man in der Regel erst ab einer Lokschuppenkapazität von 21 Abstellplätzen. Dienststellen dieses Ausmaßes befanden sich nur an bedeutenden Bahnknoten und waren dann oft in einen Teil für Personen- (P) und einen für Güterzugloks (G) unterteilt.

Die dort obligatorischen Ringlokschuppen verfügten, sofern direkt in städtischen Ballungszentren gelegen, stets über einen Rauchgas-Sammelabzug, erkennbar am recht hohen, zum Schuppen gehörenden Kamin. Rechteckschuppen konnten die Anlagen ergänzen, wenn sich dort etwa die Achssenke befand oder wenn das Betriebswerk neben den Dampfloks auch Diesel- oder Elektrofahrzeuge beheimatete wie beispielsweise im Bw Dresden Alt.

Wenige Bahnbetriebswerke, so Hamburg Altona, verfügten sogar über zwei benachbarte Drehscheiben mit riesigen Ringschuppen. Für eine Nachbildung im Modell scheiden derartige Vorbilder aber wegen des enormen Platzbedarfs aus.

Bei der in Groß-Bw zu behandelnden Anzahl von Wende- und eigenen Loks mussten die Behandlungsanlagen entsprechend großzügig angelegt werden. Die Bekohlung der Dampfloks erfolgte ab etwa 1915 in der Regel über Hochbunker verschiedener Bauarten für mindestens zwei Maschinen parallel. Die kontinuierliche Befüllung übernahmen ein bis zwei Greiferdrehkräne, ältere Kräne waren noch als Brückenlaufkräne konzipiert, aus den entsprechend dimensionierten Kohlelagerbansen. Ein bis zwei stationäre kleine Drehkräne mit Hunten bildeten die Notbekohlung bei Ausfall oder Wartung des Greiferkrans. Bei zwei Greiferkränen entfiel auch diese Einrichtung.

Markenzeichen des Groß-Bw HH-Altona waren die beiden zuletzt ineinandergreifenden Drehscheibengruben (Foto 1957).

Bahnbetriebswerk
Polchingen / Maifeld - Hbf

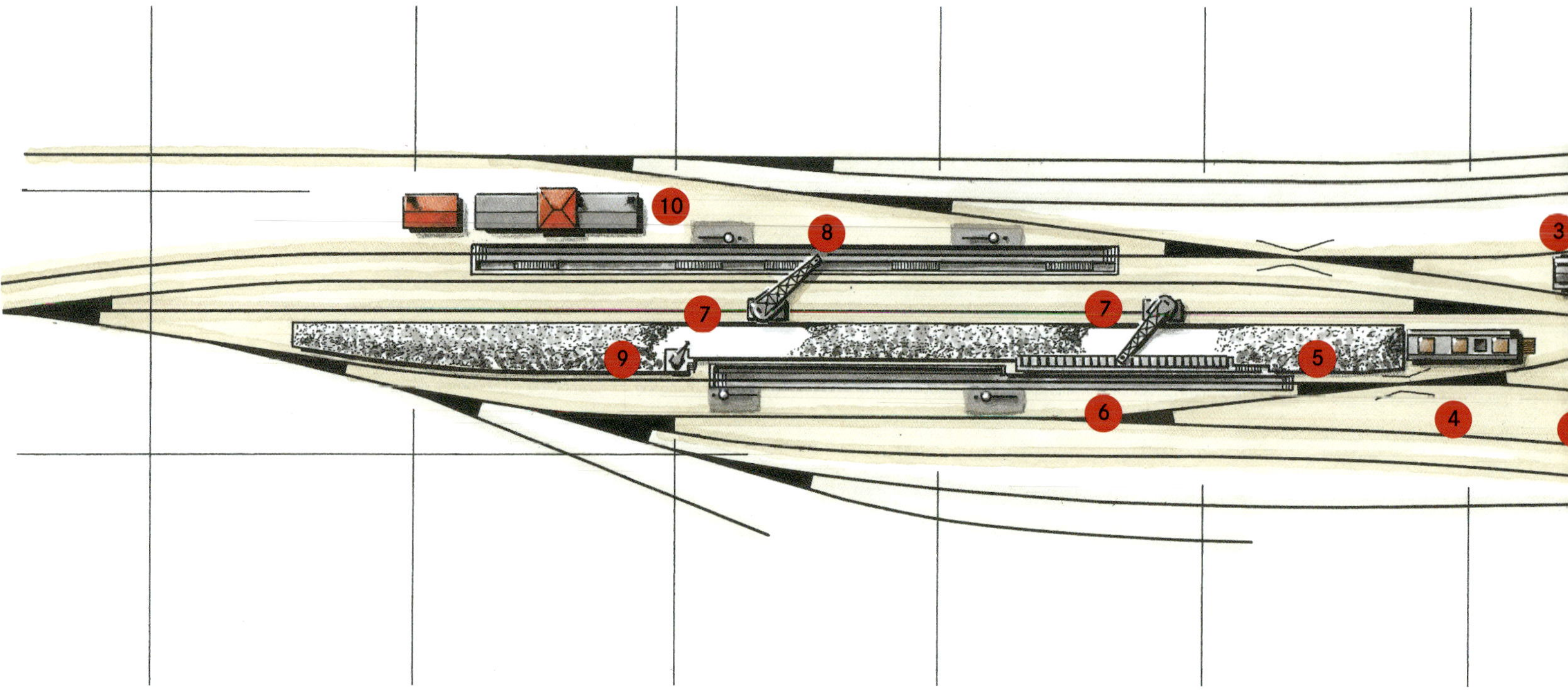

Bahnbetriebswerk Hamm

Hamm ist einer der ältesten deutschen Eisenbahnknoten. Er gewährleistete bereits ab 1848 die Verbindung zwischen Rheinland, Ruhrgebiet und dem übrigen Preußen. Mit der Schaffung des Rangier- und Verschiebebahnhofes entstanden ab 1921 zwei große und moderne Betriebswerke mit Taschenbekohlungen und je zwei Regelspurkränen in Hamm P für Personen- und Hamm G für Güterzugloks (Zustand um 1925).

1. 20,8-m-Drehscheibe
2. Wasserkran
3. Sandbunker
4. Sandlager mit Trocknung
5. Kohlebansen
6. Taschenreihenbunker
7. Regelspur-Bekohlungskran mit Hochausleger
8. eingleisiger Ausschlackkanal mit zwei Wasserkränen
9. Notbekohlungskran
10. Stellwerk mit Aufenthaltsräumen für Personal

Das Umfeld

Die Entschlackungsanlage in Groß-Bw bestand aus mindestens einem langen Schlackensumpf zwischen den beiden Ausschlackgleisen. Entleert wurde er gleichfalls mittels des Greiferkranes in entsprechende Schlackewagen, die auf einem separaten Gleis standen.

Der große Werkstattbereich des Lokschuppens verfügte über eine Schmiede sowie eine Elektro- und Pumpenwerkstatt. Zur Durchführung von Fristarbeiten besaß das Dampflok-Bw neben dem Rohrblasgerüst auch eine Achssenke sowie mehrere Hubbockanlagen für Wagen. Zudem verfügten einige Groß-Bw im Werkstattbereich über eine Kranbahn im Freien. Das zur Werkstatt gehörende Stofflager besaß ebenfalls ein eigenes Gleis.

Zur Versorgung der zahlreichen Wasserkräne verfügten große Bw über mindestens einen eigenen, ausreichend dimensionierten und hohen Wasserturm, der vereinzelt, etwa in Halle (Saale) P, auch als beeindruckender Doppelwasserturm errichtet worden sein konnte.

Abgerundet wurden die Anlagen durch das direkt an den Bahnhof beziehungsweise das entsprechende Ausfahrgleis angebundene Hilfszuggleis. Zudem waren regelmäßig ausgemusterte oder auf Aufnahme in das Ausbesserungswerk wartende Loks abgestellt.

An baulichen Anlagen ergänzten das Gefahrstofflager sowie ein separates Sozialgebäude mit Umkleide- und Übernachtungsräumen sowie ein Verwaltungsbau die umfassende Bw-Ausstattung.

Üblich war auch die Verwendung einer oder zwei eigener kleiner Länderbahn-Tenderloks als Rangierlok zum Verschieben der großen, kalt abgestellten Lokomotiven. Zur Beheizung des Lokschuppens diente vor allem in der DDR oft eine ausgemusterte Lok auf einem Nebengleis mit typischem Kamingerüst.

Modellumsetzung

Ein Modell eines Groß-Bw mit entsprechendem Bahnhofsumfeld ist selbst für Modellbahner mit viel

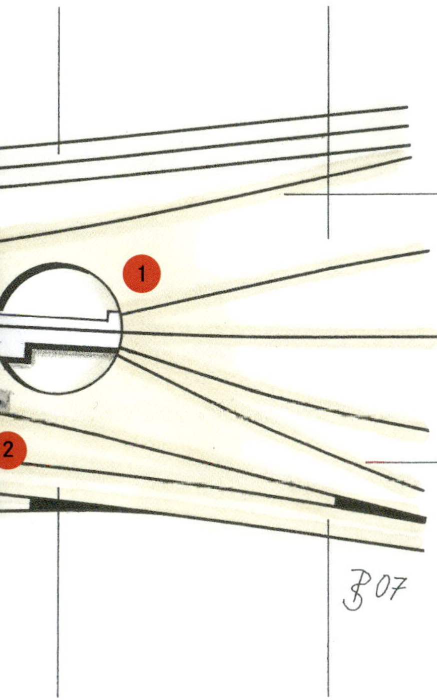

Platz meist nur ein Traum. Nur wer das Bw selbst zum Anlagenthema macht, kann es in einer vorbildentsprechenden Ausdehnung auf einer Anlage unterbringen und so seiner Loksammlung eine entsprechende Bühne geben.

So benötigt allein der Bereich der 26-m-Drehscheibe mit sich anschließendem Ringlokschuppen mindestens eine Tiefe von einem Meter und eine Breite von 1,5 Metern. Hinzu kommen die sich an die Drehscheibe anschließenden Behandlungsanlagen mit nochmals mindestens 1,5 bis zwei Metern (alle Maße für H0).

Die Beschaffung der nötigen Anlagen und Hochbauten ist weniger problematisch, da viele Hersteller entsprechende Bausätze zumindest für Anlagen der Epochen Id bis IV im Programm haben. Zwingend notwendig ist der Eigenbau nur bei den Kohlebansen, da alle angebotenen Modelle viel zu klein ausfallen.

Freunde der Epoche II oder der DR-Ost finden den typischen Mittelfuß-Wiegebunker von B &K der-

Das Bw Altenhundem zeigt gut den fließenden Übergang zum Groß-Bw. Gut erkennbar sind im Hintergrund Kohleabgabebunker, Greiferdrehkran und der zugehörige Lagerbansen.

Das Bahnbetriebswerk Würzburg besaß ab 1921 einen Kohlehochbunker mit schrägem Becherwerk und Besandung nach US-Vorbild. Ausgeführt waren die Anlagen weitgehend aus Beton.

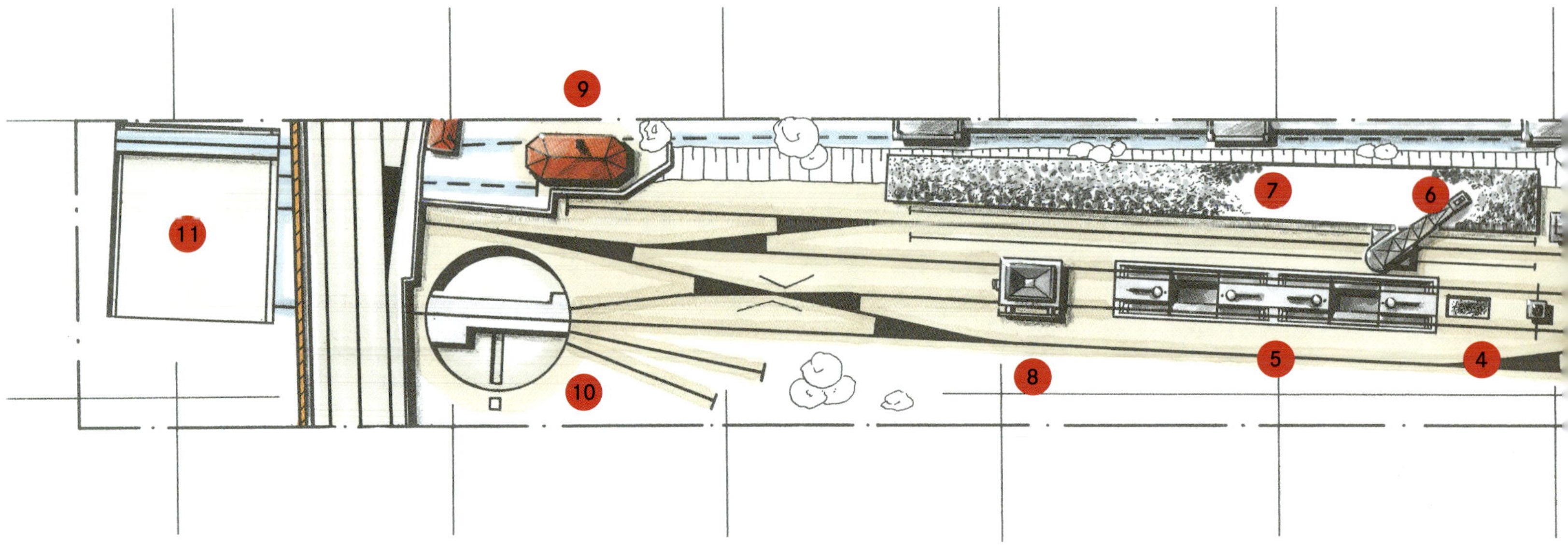

Bahnbetriebswerk Ruhrtal (Vorschlag)

Die Anlage des fiktiven Modell-Bw Ruhrtal entspricht in ihrer Ausführung dem neuesten technischen Stand der Deutschen Reichsbahn um 1930. Auf den klassischen Ringlokschuppen hat man verzichtet, stattdessen werden die Lokomotiven in einem platzsparenden Teleskopschuppen mit innenliegender Schiebebühne als Verteileinrichtung abgestellt. Die vorhandene Drehscheibe dient ausschließlich als Wendescheibe und benötigt deshalb so gut wie keine Abstellgleise, was erheblich Platz spart. Auf den wenigen, kurzen Gleisen lassen sich ein Schneepflug oder Wasserwagen abstellen. Der Rechteckschuppen besteht größtenteils aus Beton oder verputztem Ziegelmauerwerk (Zustand Ende der 1950er-Jahre).

1. Rechteckschuppen (Eigenbau)
2. innenliegende 26-m-Schiebebühne (Brawa), beim Vorbild war bis 1938 nur eine 22,5-m-Schiebebühne vorhanden
3. Sandturm mit Lagerhaus
4. Löschegrube (KHK bzw. B & K)
5. Schlackensümpfe (ex B & K)
6. Portalbekohlungskran (Faller bzw. ex Pola)
7. Kohlebansen (Eigenbau)
8. Wiegebunker (Vollmer)
9. Stellwerk (Kibri)
10. 22,5-m-Drehscheibe (Roco)
11. 26-m-Schiebebühne (Brawa) (zum Umsetzen von Fahrzeugen hinter der Kulisse)

Auch die Ausschlackanlage mit dem zugehörigen Sumpf (KHK bzw. B & K) nimmt im Groß-Bw beträchtliche Ausmaße an. Geleert wird er hier durch einen zusätzlichen Regelspur-Greiferkran (Umbau Märklin).

zeit nur gebraucht. Als Alternative steht allerdings ein durchaus ansprechender Bausatz desselben Typs von Auhagen zur Verfügung.

Bei der Modellgestaltung ist ferner darauf zu achten, dass das Vorratsgebäude der Besandung (mit mindestens zwei Sandbehältern) zwecks Beschickung vom Bw-eigenen Bekohlungkran direkt erreicht wird. Das Gleiche gilt auch für die in den Behandlungsanlagen integrierten Schlackensümpfe bzw. den -kanal und den Löschebansen.

Wie ein Groß-Bw als Betriebsdiorama aussehen kann, zeigt obiger Entwurf. Er lehnt sich an das in den 1930er-Jahren umfassend modernisierte und erweiterte Bw Hagen Eckesey an. Die Nutzung eines Rechteckschuppens erlaubt beim Modell nicht nur die platzsparende und staubgeschützte Lokabstellung, auch können die Loks über die linke Schiebebühne (oder eine dortige Weichenverbindung) abgestellt und wieder zurückkehren.

Osnabrück war eines der wenigen Groß-Bw, deren Bekohlungsanlage einen Tiefbansen als Kohlelager besaß.

Anfang der 1950er-Jahre erhielt Altona einen neuen Abgabebunker mit drei Wiege-Doppeltaschen in Reihe. Basis war die Bekohlungs-Einheitsbauart der DB.

Groß-Bw wie Altona besaßen bereits seit den 1930er-Jahren größere Triebwagenschuppen (Foto 1958).

Bekohlungsanlagen

Die Bandbreite der technischen Anlagen zum Befüllen der Lokomotiven mit Kohle ist enorm. Die imposantesten Lösungen finden sich aber nur in größeren Betriebswerken.

Der senkrechte Doppelaufzug der Bauart Teudloff (M & D) diente in einigen Bahnbetriebswerken als Haupt- oder Notbekohlung.

Zu den wohl wichtigsten Bestandteilen eines jeden Betriebswerks, unabhängig von seiner Größe, zählte die Bekohlungsanlage. Die Vorratslager, landläufig auch Kohlebansen genannt, bemaß man so, dass alle beheimateten Loks sechs bis neun Wochen lang bei gestörtem Nachschub versorgt werden konnten. Da Kohle ein recht kostbarer Energieträger ist, waren die ersten Lagerschuppen in der Frühzeit des Bahnwesens überdacht, oft sogar geschlossene Schuppen. Die Entladung der Kohlewagen, die mit Hand erfolgte, benötigte mehrere Arbeiter.

Die einfachste Form, Kohlen in die Tender zu verladen, waren Sturzbühnen. Das meist auf Tenderhöhe gelagerte Brennmaterial wurde mittels Körben oder später über Schütten verladen. Vor allem bei Klein- und Schmalspurbahnen hielt sich diese Bekohlungsform lange.

Als Loks und deren Tender größer wurden, dauerte die Bekohlung von Hand einfach zu lang. Da manuelles Arbeiten schon vor mehr als 100 Jahren erhebliche Kosten verursachte, suchte man bereits früh nach Möglichkeiten der Mechanisierung und Rationalisierung. Ab dem Ende des 19. Jahrhunderts entwickelten sich unterschiedliche mechanische Bekohlungsanlagen.

Ein gangbarer Weg waren größere, verfahrbare Behälter (Hunte), welche mittels ortsfester Drehkräne angehoben und anschließend in den Kohlekasten der Lok entleert wurden. In der DDR nutzte man bei diesen Kränen gelegentlich auch Greifer zur direkten Beladung. Passende Modelle mit sechseckiger Holzkanzel für motorisierte Anlagen liefern Auhagen und Faller, Handbekohlungskräne Kibri, Pitters's Pappkisten, Vollmer und Weinert.

Wiegebunker in Kombination mit Greiferkränen, hier im Bw Mannheim Pbf um 1930, beschleunigten das Beladen der großen Loktender erheblich. Gleichzeitig konnte die Abgabemenge je Lok exakt gemessen werden.

44 308

Ein Sonderfall ist für die BR 98.3, bekannt als Glaskasten, die angepasste hohe Holzbühne.

Oft genügen an Klein- und Nebenbahnen schlichte Bühnen auf Tenderhöhe zur Bekohlung mittels Körben.

Frühe Art der Bekohlung: Im schützenden Inneren des kleinen Kohleschuppens lagert der Brennstoff. Beladen wird die Lok direkt an der Hausrampe.

Die Sturzbekohlung mit Handkarren (oben Preußen) oder Lore (links Bayern) ist eine schnelle Bekohlungsmethode.

Eine Sonderform der ortsgebundenen Bekohlung stellten Kohlenaufzüge dar, bei denen spezielle Behälter hochgezogen und über einen Bogenmechanismus oder eine Rutsche selbsttätig entleert wurden. Selbst im Groß-Bw traf man diese Form der Bekohlungsanlage alternativ zum Kran mit Hunt als Notbekohlung bei Ausfall oder während der Wartung der Hauptanlagen an.

Greiferkräne

Verfahrbare Kräne in einem Bw sind eine typisch deutsche Entwicklung. Angefangen hatte es 1902 in Mannheim Pbf mit einer beweglichen einfachen Verladebrücke mit Laufkatze. Bekohlt wurde direkt, die Laufkatze zuvor jedoch gewogen, um die abzugebende Kohlenmenge festzuhalten. Spätere Konstruktionen befüllten sogenannte Reihentaschenbunker, vereinzelt kombinierte man, wie im Bw Osnabrück Hbf, die großen, schwerfälligen Verladebrücken mit Laufkatze mit verfahrbaren Wiegebunkern, die immer in der Nähe des Kranes standen.

Vorteil der Greiferkräne war ihre universelle Einsatzbarkeit. Durch den Greifer konnten zusätzlich Schlacke, Lösche und Sand an ihren Bestimmungsort gebracht werden. Entsprechend ordnete man die anderen Behandlungsanlagen im Aktionsradius der Krans an, auf weitere Kräne konnte verzichtet werden. Der Kran befüllte stets einen Abgabebunker, meist ein Wiegebunker, mit dem die abgegebene Kohlenmenge pro Lok festgehalten werden konnte. Auch sparte der Bunker nachts das Kranpersonal ein.

Portalkräne waren schon bald die betrieblich bessere Lösung. Sie überspannten das Kohlenwagengleis des

Standard in vielen mittleren und großen Bw sind ortsfeste, drehbare Kräne, ausgelegt zum Heben von verfahrbaren Blechbehältern, den so genannten Hunten.

Moderne Fuchsbagger (Weinert) ersetzen bei der DB baufällige stationäre Kohlekräne oder vereinfachen wie hier in Ottbergen das Beladen der Hunte im Kohlebansen.

Zur Beschleunigung des Bekohlens dienen ab den 1920er-Jahren Schrägaufzüge mit verstellbarer Schütte. Kipploren führen die Kohle aus dem Lager heran und kippen sie in den im Boden eingelassenen Aufzugbehälter.

Die Verladebrücke mit Laufkatze (Vollmer) ist mit Beginn des 20. Jahrhunderts die früheste Form der Verladung der Kohle mit einem Greifer.

Greiferdrehkräne (Heico) lösten ab den 1920er-Jahren konstruktiv die Laufkatze auf der Verladebrücke ab, da diese beweglicher waren.

Der preußische Regelspurkran (Selbstbau) mit niedrigem Ausleger ist gedacht, seine Kohleladung unter Hilfeleistung des Heizers direkt auf dem Tender zu entleeren.

Normale Greiferdrehkräne setzte man auch schon mal auf einen Regelspur-Unterwagen (Kitbashing mit Kibri) in einen Kohlebansen zur Direktbekohlung der Lok ohne Wiegebunker.

Bw. Eine Stütze des Kranes konnte direkt auf der Bansenmauer verlaufen. Die Breite des Kranportals war gering. Wegen der hohen Beweglichkeit des Kranes genügte im Allgemeinen ein feststehender Hochbunker. Die Ausladung des Kranarmes betrug zwischen 12,5 und 16 Meter. Kräne dieser Art positionierte man an schmalen, aber langen Kohlebansen, die sogar leicht gekrümmt sein konnten.

Bei hohen Tagesabgabemengen setzte man dagegen gern auf einen alles überspannenden breiten Brückenlaufkran. Die Kohlebansen waren recht tief, und man verlegte die Kranschienen auf die Bansenwänden oder unmittelbar daneben. Der Abstand zwischen Kohlenwagengleis und benachbartem Bekohlungsgleis reduzierte sich auf fünf Meter. Die schwerfälligen Kranbrücken stattete man mit verfahrbaren Wiegebunkern aus, so beispielsweise in Kassel oder Braunschweig.

Regelspur-Greiferkräne benötigten keine gesonderte Gleisanlage, sie konnten auf den Kohlewagenzufuhrgleisen operieren und verfügten entweder über einen elektrischen oder einen Dampfantrieb. Zur Beladung von Hochbunkern erhielten die meisten Kräne speziell geformte Hochausleger. Um ein Umkippen der Kräne bei voll ausgelastetem Arm zu verhindern, begrenzte man deren Ausladung auf 10,5 Meter.

Modellangebot

Vollmer bietet für H0 einen kleineren Laufkatzenkran, allerdings in einfacher Modellausführung – er sollte verfeinert werden. Einen Portalkran hat nur Faller, dessen Modellumsetzung allerdings recht frei an die DB-Richtlinien angelehnt ist. Unterschiedliche Modelle von Brückenlaufkränen gibt es von Heico und Klier, Regelspurkräne der DB von Weinert und als Umbausatz von Klier. Den klassischen Wiegebunker der DR-Ost bieten Auhagen und KHK, Faller den Bunker der DB.

Regelspurkräne mit speziellen Hochauslegern (TT-Fan) erlauben das Befüllen von Hochbunkern, hier der Mittelfußbunker der Einheitsbauart der DR-Ost (Auhagen).

Die DB entwickelte neuartige Einheitsbekohlungsbunker (Faller bzw. Märklin), die mit Greiferdreh- oder Regelspurkränen befüllt werden konnten.

Eine hölzerne Bühne auf Tenderhöhe mit kleinem Flaschenzug erleichtert und beschleunigt den Bekohlungsvorgang mit Körben in Lokstationen und Klein-Bw.

Bekohlungsbühne

Als Grundlage für die Gestaltung einer Bekohlungsbühne mit angeschlossenem Kohlelager dient der Weinert-Bausatz einer Nebenbahnbekohlung. Da dieser aus weichem Weißmetall besteht, benötigt man zum Entgraten und Versäubern der Teile nur ein scharfes Bastelmesser, Nadelfeilen und nicht zu feines, wasserfestes Schleifpapier. Zum Verkleben der Teile untereinander eignet sich am besten Sekundenkleber. Bei einer Vergrößerung des Kohlelagers kann man die zusätzlich benötigten Pfosten aus Code-83-Schienenprofil erstellen. Die Bansenwände gewinnt man hingegen durch Kürzen der vorhandenen Bausatzteile in der Höhe. Aber auch nur in den Boden eingelassene Pfosten sorgen für eine Belebung im Kohlelager.

Nach dem Zusammenkleben des Bausatzes werden alle Metallteile mithilfe eines Borstenpinsels und Spülwasser entfettet und dann mit Metallgrundierung aus der Sprühdose zur besseren Farbhaftung grundiert. Danach können die Holzwände an den Weißmetallteilen mit wasserlöslichen Acrylharz-Künstlerfarben von Schmincke in einer Mischung aus Umbra natur sowie Umbra gebrannt und Elfenbeinschwarz lackiert werden. Die Pfosten aus Schienenprofil erhalten einen dunkelgrauen Lackauftrag. Vor dem Einbau in die Anlage sollten alle Teile noch mit einer betriebsgerechten Patina aus mattschwarzer und rostbrauner Modellbaufarbe, verdünnt mit Benzin, versehen werden. So hebt man auch die Holzmaserung hervor.

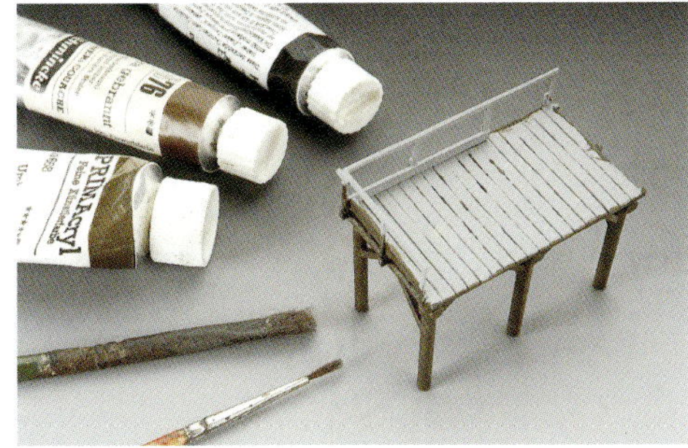

Alle Weißmetallteile müssen vor der farblichen Behandlung zunächst grundiert werden.

Holzfarbige Teile setzt man farblich von den grauen Bansenpfosten (Schienenprofil) ab.

Die einbaufertige Bekohlungsbühne mit dem dazugehörigen Bansen samt Kohleimitation.

Modellbau-Info

Für den Zusammenbau der Kleinbekohlungsanlage benötigt man Grundkenntnisse im Modellbau und das Übliche an Werkzeug. Die wichtigsten verwendeten Teile sind:

- Kleinbekohlung von Weinert (Art.-Nr.: 3353)
- Sprühgrundierung
- Acrylharz-Künstlerfarbe und Gouache-Tempera, Modellbaufarben
- echte Kohle
- Figuren
- Sekundenkleber, Weißleim
- Aceton, Feuerzeugbenzin

Ist das Kohlenlager mit der eigentlichen Bekohlungsbühne im richtigen Abstand neben dem Gleis positioniert, kann man sie mit einem Kompakt- oder Sekundenkleber festkleben. Kleine Styrodur-Häufchen ergänzen das kleine Weißmetall-Bauteil mit der Kohleimitation. Anschließend werden die Haufen des Kohlelagers mit echter Kohle bestreut. Die Befestigung der maßstäblichen Kohlebrocken geschieht mithilfe der üblichen wasserverdünnten Spülmittel-Holzleimmixtur. Wenn ein paar der Kohlestückchen zwischen die Gleise geraten, ist das nicht weiter schlimm, denn beim Vorbild war es nicht anders. Auch auf der Bekohlungsbühne lassen einige Kohlebrocken die Szenerie wirklichkeitsnaher erscheinen. Belebt wird das Ganze aber erst durch einige Figuren, zum Beispiel von Preiser oder Mertens, mit denen der Arbeitsablauf des Bekohlens einer Tenderdampflok mit lackierten und gealterten Kohlekörben aus Messing von Weinert authentisch nachgestellt werden kann.

Im entsprechend gestalteten Umfeld wird die Modellkohlebühne zum Blickfang einer Lokstation.

Die Lagerflächen für Kohle nehmen im Bw einen beachtlichen Platz ein – laut Vorschrift muss der Brennstoffvorrat sechs bis neun Wochen reichen.

Aufzug mit Kohlebansen

Eine besonders interessante Konstruktion wurde von der Maschinen- & Armaturenfabrik Teudloff & Diettrich in Wien entwickelt: die nach ihrem Konstrukteur benannte „Teudloff-Bekohlung". In ein hoch aufragendes Stahlgerüst war ein Aufzug integriert, über den die unten eingeschobenen Kohlenhunte in die Höhe befördert und dort automatisch entleert wurden. Über eine Schütte gelangten die Kohlen dann direkt in den Tender der bereitstehenden Lokomotiven.

Bei der Modellumsetzung des großen Kohlelagers kommen als Geräuschdämmung für den späteren Gleisverlauf drei Millimeter starke Korkplatten als Grundlage zum Einsatz sowie Bansenwände aus dem pmt-Programm. Sie werden zunächst nur für eine Stellprobe vor Ort, um die Gesamtproportionen des Ensembles besser beurteilen zu können, genutzt. Sind die Maße festgelegt, können die Wände des Bansens mit Sekundenkleber aneinandergefügt werden. Mit brauner Farbe lackiert man die Schwellennachbildungen des Bansens, während die senkrechten Altschienenprofile mit schwarzer Farbe versehen werden. Je nach angestrebtem Ergebnis altert man die Wände noch mit Kohlenstaubpulver. Dann können sie an den vorgesehenen Platz geklebt werden.

Mit einem Gemisch aus den Woodland-Schottern B 74, B 75 und B 79 erfolgt als nächster Schritt die Schotterung der Gleise.

Nun können die Feldbahngleise für die Kohlenhunte samt Drehscheiben aus dem Auhagen-Sortiment zusammengefügt und passend an die Grundplatte der Teudloff-Bekohlung platziert werden. Sie erhalten ebenfalls eine farbliche Anpassung mit Rostfarbe.

Abschließend wird der Bansen mit echten Kohlestückchen aufgefüllt und das gesamte Umfeld nochmals mit schwarzem Kohlenstaub gealtert. Schon ist die Miniaturausgabe der Teudloff-Bekohlung einsatzbereit.

Stellprobe zur Ermittlung der Proportionsverhältnisse.

Rund um die Grundplatte der Teudloff-Bekohlung entstehen die Gleisverbindungen der Lorenbahn.

Die Wände des weitläufigen Bansens werden platziert.

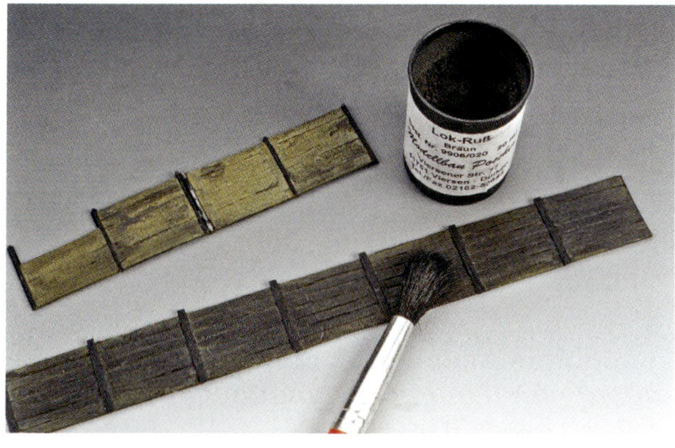

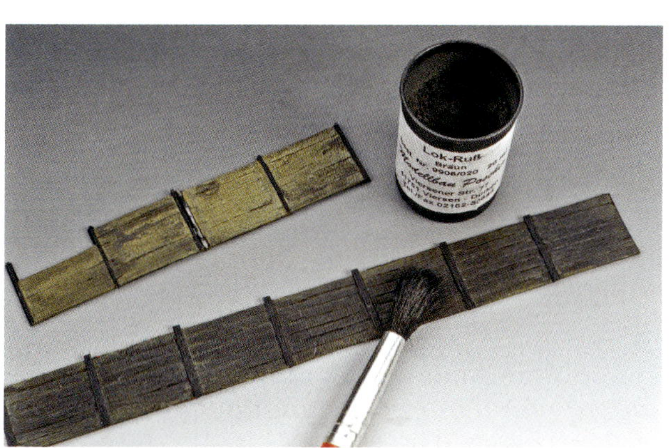

Die hölzernen Wände werden nach dem Lackieren gealtert.

Das rechtwinkelig angelegte Gleisnetz der Lorenbahn wird von oben sichtbar.

Die Hunte aus Messingguss werden lackiert, gealtert und mit kleinen Styropor-Einsätzen für Kohleinhalt versehen.

Die Oberfläche der Styrodureinsätze streicht man schwarz und füllt die Hunte mit Kohlestückchen auf. Geklebt wird mit Mattlack.

Wasserversorgung

Nach der Bekohlung ist die Wasserversorgung mit Speichertürmen und Wasserkränen in unterschiedlichen Ausmaßen wichtigster Bestandteil der Dampf-Bw.

Bei Gelenkwasserkränen braucht die Lok nicht exakt anzuhalten, der zweiteilige Ausleger hat einen individuelleren Schwenkbereich. Allerdings benötigen Gelenkwasserkräne einen hohen Wasserturm und sind teuer in der Anschaffung.

Die Wasserversorgungsanlagen im Dampflok-Bw umfassten alle Anlagen von der Entnahme- bis zur Abgabestelle, also Pumpenhäuser, Wassertürme, Aufbereitungsanlagen, Waschanlagen, Werkstatt und die Wasserkräne.

Ihre hohen Wassertürme entwickelten sich häufig zum Wahrzeichen der Bahnbetriebswerke. Die Ausführungen reichten vom schlichten Zweckanbau direkt am Lokschuppen bis zum architektonisch anspruchsvollen und repräsentativen Einzelbauwerk. Ihre Aufgabe war zweigeteilt: Einerseits speicherten sie einen ausreichenden Wasservorrat, andererseits sorgte die Höhe des Wasserbehälters (über Grund) im Turmkopf für eine kontinuierliche Versorgung mit dem betriebsnotwendigem Nass bei ausreichendem Betriebsdruck. Dies war wichtig, sollten doch beim Zwischenhalt im Bahnhof die Schnellzuglokomotiven rasch Wasser am leistungsfähigen Wasserkran nehmen können.

Im Unterbau der Wassertürme fanden sich die Anlagen zur Wasseraufbereitung (Filter, etc.) und Förderung (Pumpen) in den Behälter. Mancherorts diente die aufsteigende Abwärme der Pumpen auch zur Erwärmung der Wasserbehälter als Frostschutz in strengen Wintern.

Bei einer Erweiterung der baulichen Anlagen eines Betriebswerkes oder des Bahnhofes konnte es auch vorkommen, dass weitere Wassertürme neben dem bereits vorhandenen älteren als Erweiterung des Wasserreservoirs errichtet wurden.

Ursprünglich waren Wassertürme und -häuser je nach Region vollständig gemauert oder in Fachwerkbauweise errichtet. Das oberste Geschoss beherbergte meist im Inneren einen stählernen Wasserbehälter.

Bei Industriebahnen und in kleinen Lokstationen genügen einfache Wasserschläuche zum Befüllen einer Dampflok, vorausgesetzt, die Loks sind klein.

94 1214
Deutsche Bundesbahn

Schmalspurwasserkräne (WMK) sind zierlich und die abgegebene Wassermenge ist gering. Angesichts der langen Ausschlackzeit und des geringen Wasserbedarfs genügen sie aber den örtlichen Anforderungen.

In den großen Betriebswerken dominieren Wasserkräne der Einheitsbauart mit großen Durchmessern. An Schlackensümpfen sind sie oft als Gelenkkräne (B & K) ausgeführt.

In kurzen Haltepausen im Bahnhof musten schnell mehrere Kubikmeter Wasser nachgefüllt werden. Aus diesem Grund stand an jedem Ausfahrgleis ein Wasserkran, hier ein Preussischer, meist mit Tropfschutz in Form einer Säule, damit das Umfeld nicht zu sehr nass wurde.

In der Frühzeit der Eisenbahn war es üblich, den Vorrat mittels Wandwasserkran (Panier) direkt am Wasserhaus zu ergänzen.

Als Frostschutz erhielten manche Einheitswasserkransäulen eine Blechummantelung nebst kleinem Kastenofen.

Kleine Lokstationen hatten oft einen Wasserturm direkt am Lokschuppen angebaut (Selbstbau).

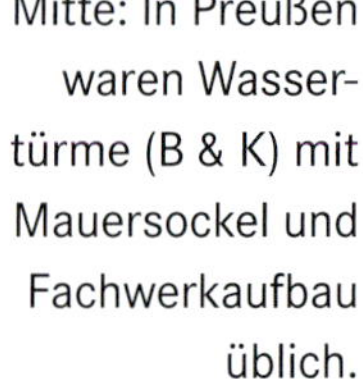

Mitte: In Preußen waren Wassertürme (B & K) mit Mauersockel und Fachwerkaufbau üblich.

In einigen Bahnbetriebswerken kombinierte man das Wasserhaus mit Sozialgebäude oder Lokleitung (Kitbashing, Basis Vollmer).

Jeder Ausschlackplatz diente auch zur Wasserversorgung. Der dazugehörende Wasserturm, hier ein holzverkleideter der Bauart Intze (Auhagen), standen immer nahe der Wasserabgabestelle.

Oft wurden bestimmte Wassertürme, beispielsweise der von Ottbergen (Kibri), zum Markenzeichen ihres Bahnbetriebswerks und für die Dampflokfans wichtige Requisite.

Vielerorts konnte der Behälter auch frei auf einem gemauerten Sockel ruhen oder mit einer einfachen Holzverkleidung vor der Witterung geschützt sein. Mit zunehmender Größe etablierten sich dann zunächst Bauformen mit freistehenden Kugel- oder zylindrischen Behältern mit hängendem Kugelboden (Bauart Intze). Ab den späten 1920er-Jahren baute man vereinzelt auch Wassertürme komplett aus Stahlbeton.

In Mittelgebirgen nutzte man in den Hang gebaute Häuser als Wasserspeicher (Selbstbau) Der Bau von Türmen konnte so eingespart werden.

Wasserkräne

Ursprünglich waren Standwasserkräne die Ausnahme. Statt dessen wurde das Wasser über einen schwenkbaren Ausleger direkt am Wasserhaus entnommen. Der betriebliche Aufwand war enorm, da die Lok zum Ergänzen der Wasservorräte den Zug verließ. Über zwei Gleise reichende Ausleger erlaubten zwar mehr Flexibilität, belasteten aber die Substanz der Gebäude. Ab Ende des 19. Jahrhunderts stellte man nur noch Wasserkräne neben Schlackegleisen im Bw und an wichtigen Gleisen in den Bahnhöfen auf. Während ihr wesentlicher Aufbau aus festen Standrohr und einem schwenkbaren Ausleger stets unverändert blieb, variierte ihr Aussehen sehr stark. Einfache Ausführungen auf Nebenbahnen oder in Bahnbetriebswerken standen in der Frühzeit der Eisenbahn zum Teil prunkvoll verzierte Exemplare an Bahnsteigen gegenüber. Betrug anfangs die Leistung etwa 1 m^3 je Minute, erforderten die großen Schnellzug-Dampfloks der 1930er-Jahre schon das Fünf- bis Achtfache, um die Wasservorräte im Tender während des kurzen Bahnhofsaufenthaltes auffüllen zu können.

Erst ab den späten 1920er-Jahren baute die DRG für große Bw und Bahnhöfe auch Kugelbehälter auf kostengünstigen Stahlgestellen (Kibri).

Der Wasserturm Bielefeld ist ein typischer Wasserturm der Bauart Schäfer. Seine Gestaltung ist geprägt vom Jugendstil um 1900.

Wasserversorgung im Modell

Schaut man sich das Angebot an Modellen genauer an, stellt man fest, dass in fast allen Spurweiten die markantesten Wasserkräne angeboten werden. Am besten bedient wird die Nenngröße H0. Vor allem einige Kleinserienhersteller wie Weinert bieten typische Länderbahn-Wasserkräne oder kleine Kräne für Nebenbahnen.

Bei den Wassertürmen sieht das Angebot allerdings deutlich anders aus. Viele Türme sind für kleine bis mittelgroße Bahnbetriebswerke geeignet und stellen Vertreter der ausgehenden Länderbahnzeit, also der 1910er- und 1920er-Jahre dar. Die kleinen Wasserstationen mit Wandwasserkränen fehlen jedoch.

Infos zum Bausatz

Die Arbeiten am recht passgenauen Modell gehen leicht von der Hand. Die meiste Zeit benötigt man für eine vorbildgerechte Lackierung, die zu empfehlen ist, da der Wasserturm Bielefeld eine andere Farbgebung hatte, als von Faller vorgegeben. Das grelle Blau des Wasserbehälters kann durch eine individuelle Alterung gedämpft werden. Falsch dargestellt ist die Wartungsleiter. Sie verläuft beim Vorbild nicht zum Kamin, sondern dient zum Erreichen von zwei Wartungsluken, um in den Wasserbehälter gelangen zu können.

Folgende Materialien werden benötigt:

- Bausatz Wasserturm „Bielefeld“ von Faller, Art.-Nr. 120166
- Riffelblechplatte aus Kunststoff von Brawa, Art.-Nr. 2835
- Aufstiegsleiter aus Kunststoff von Plasttruct oder Faller
- Polystyrol-Rundmaterial mit ca. sieben Millimeter Durchmesser
- Nitrospachtel, Polystyrolkleber
- verschiedene matte Kunstharzlacke, z. B. von Revell, schwarzer Filzstift.

Der fehlende Wartungssteg entsteht aus verschiedenen Plastikteilen. Das Geländer wurde vom Faller-Bausatz übernommen. Die beiden fehlenden zusätzlich runden Mannlöcher für die Wartung beim Vorbild sind bereits positioniert.

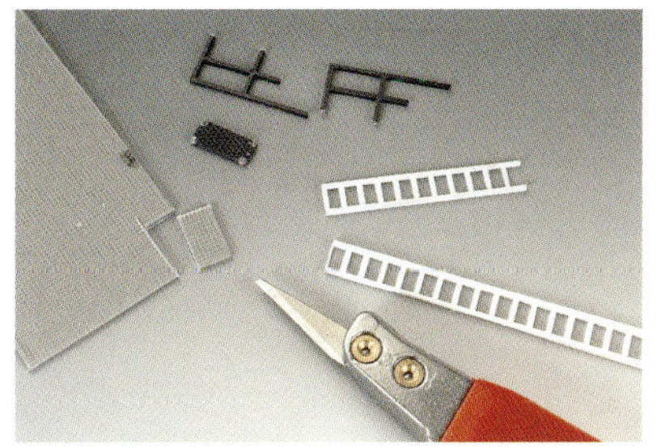

Aus einer Brawa-Prägeplatte schneidet man eine Laufbühne, die so breit wie die Leiter ist.

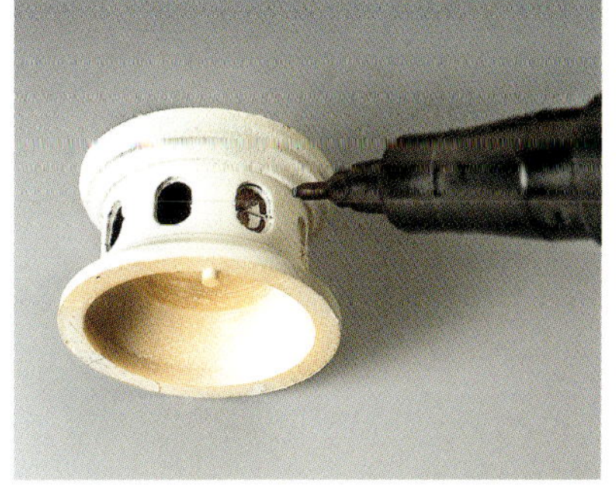

Mit einem schwarzen Filzstift imitiert man die nicht vorhandenen Behälterbelüftungslöcher.

Durch Auftupfen fast trockener und verschiedener Farbe erzielt man typische Rosttöne.

Wasserturmtyp Schäfer

Als eine Entwicklung des Konstrukteurs Schäfer gegen Ende des 19. Jahrhunderts ging diese auch optisch charakteristische Bauart in die Geschichte der Wasserturmentwicklung ein. Erstmals verzichtete man auf die Umbauung der früher oben offenen, zylindrischen Wasserbehälter. Statt dessen führte Schäfer den Behälter in einer dem Ei ähnlichen Form aus. Die untere Halbkugel verbarg sich im Turm, die andere Hälfte stand frei auf dem Turmschaft. Der Vorteil gegenüber den bisher gebräuchlichen Zylinderbehältern lag auf der Hand: ein verhältnismäßig kleiner Durchmesser des Unterbaus, der beheizbar war, in Verbindung mit einem deutlich größeren Behälterinhalt.

Dieser Wasserturmtyp zählt zu den schönsten Wassertürmen überhaupt. Daher verwundert es nicht, dass Faller sich zur Abrundung seines Sortiments ausgerechnet dieses Bauwerk als Vorlage für einen maßstäblichen Wasserturm ausgewählt hat. Mit dem 1906 errichteten Vorbild steht den ostdeutschen DR-Freunden endlich ein auch für sie typisches Bauwerk zur Verfügung, denn der Verbreitungsraum war zwischem Ruhrgebiet und Großraum Magdeburg.

Die Architektur des Bielefelder Wasserturms mit einem 100 m³ fassenden Wasserbehälter ist vom Jugendstil stark geprägt. Das Faller-Modell gibt die ursprüngliche Ausführung wieder. Der Turmschaft besitzt zahlreiche Fenster, die zu Bundesbahnzeiten größtenteils ersatzlos entfernt wurden.

Die Mauerwerksteile vor allem des Sockels sind vorbildgemäß dick. Das Modell kann man perfekt bemalen, vorausgesetzt, man bemalt und altert die Bauteile vor der endgültigen Montage vorab. Dann braucht man nicht allzu sehr auf die Farbtrennkanten achten. Erst wenn der plastikhafte Glanz durch einen matten Farbanstrich ersetzt ist, kommt das neue Modell richtig zur Geltung. Vor allem das von Faller vorgegebene Grünblau des Wasserbehälters wirkt unnatürlich.

Das fertige Modell kann seinen Platz in einem kleinen Bahnbetriebswerk oder, was noch besser ist, als Wasserturm direkt neben dem Bahnhofsgebäude haben. Am Ausfahrgleis steht jeweils ein kleiner Wasserkran der preußischen oder der Reichsbahn-Ausführung. Wer diese Anordung wählt, wird nicht nur Gefallen an dem Faller-Modell finden, sondern hat auch eine Situation auf der Modellbahn nachgestellt, wie sie beim Vorbild häufig, aber auf der Modellbahn aus unverständlichen Gründen fast nie anzutreffen ist.

Schlacke und Lösche

Das Entfernen der Verbrennungsrückstände einer Dampflok benötigt einen gesonderten Arbeitsplatz. Die mühselige Arbeit kann jedoch durch Technik vereinfacht werden.

Viele Ausschlackplätze haben Blechbehälter, sogenannte Hunte (Weinert), in U-Gruben (B & K). Sie werden mit einem Bockkran (Spieth) gehoben.

Große Ausschlackanlagen, wie sie in der Blütezeit der Dampfloks üblich waren, existierten am Anfang der Eisenbahngeschichte in Deutschland nicht. Vielmehr traf man das seitliche Entfernen der Verbrennungsrückstände aus dem Aschkasten per Hand mittels Schaufel an. Die Rückstände sammelte man dann als einfache Haufen neben dem Gleis oder in speziellen Bansen. Mit einem Wasserschlauch wurde die Glut gelöscht. Zudem hatten die Loks noch keine technische Ausrüstung wie beispielsweise Kipproste.

Mit zunehmender Lokzahl und -größe nahm die Verweildauer am Ausschlackplatz zu, andere Lokomotiven mussten warten. Mit der Entwicklung der heute noch bekannten Technologie der Entschlackung mittels Kipprost und Aschkastenentleerung setzte sich gegen Ende des 19. Jahrhunderts eine neue Art der Entschlackung durch, das Entleeren der Schlacke nach unten in spezielle, mit Wasser gefüllte Behälter, sogenannte Hunte, oder in gemauerte Gruben.

Erleichterung brachten in die Untersuchungsgrube gestellte Hunte, welche mit einem Bockkran herausgehoben und in seitliche Schlackebansen oder bereitstehende offene Güterwagen entleert wurden. Der Kran überspannte nicht nur das Ausschlackgleis mit mehreren Hunten in der U-Grube, sondern auch

Ungewöhnlich waren die aufgeständerten Gleise bei der Ausschlackanlage im Bw Treuchtlingen (Aufnahme 1951).

In Baden setzte man zum Heben der Hunte aus der Grube statt Bock- auch Drehkräne (Heico) ein.

Am mechanisierten Lokbehandlungsplatz leert der Bekohlungskran auch den Löschebansen (Klier).

den daneben oder dazwischen liegenden und oft ebenerdig gemauerten Schlackebansen. Die Leistung derartiger Anlagen war jedoch begrenzt, da das Umladen der Schlacke nur möglich war, wenn gerade keine Lok behandelt wurde.

Diesem Manko suchte man mit Schrägaufzügen unterschiedlicher Konstruktionen beizukommen. Die Schlacke gelangte dabei in einen Blechbehälter unter dem Gleis. Der Behälter wurde dann über den Schrägaufzug höher als der auf dem Nebengleis stehende Schlackewagen gehievt und anschließend in den Wagen abgekippt.

Größere Bw besaßen dagegen spezielle Ausschlackanlagen, bei denen die großen Mengen anfallender Rückstände in spezielle, wassergefüllte Schlackensümpfe gelangten. Von Zeit zu Zeit wurden die Rückstände dann per Greiferdrehkran aus den Sümpfen in bereitstehende Schlackewagen entleert und zur weiteren Verwendung als Baumaterial oder Zuschlagstoff abgefahren.

Der mit Wasser gefüllte Schlackensumpf war eine größere, anfangs gemauerte, später betonierte Grube zwischen den Betriebsgleisen. Die Schlacke rutschte nach Verlassen des Aschkastens über zwischen den Schienen befindliche Schrägen dort hinein. Im Regelfall verfügte der tiefe Schlackensumpf über Abdeckgitter oder Geländer als Unfallschutz. Die Dimensionierung der Ausschlackanlage richtete sich nach der Anzahl der Lokomotiven.

Grundsätzlich kombinierte man den Schlackensumpf mit dem Bekohlungskran. Dieser leerte in einer Betriebspause mit seinem Greifer die Grube. Nur in seltenen Fällen, wenn die Bekohlungsanlage nicht mittels eines Kranes bedient wurde

(z. B. Würzburg Hbf und Wuppertal Langerfeld), errichtete man über dem Schlackensumpf einen eigenen großen Laufkatzenkran mit Greifer.

In Lokstationen oder kleinen Betriebswerken blieb es dagegen üblich, die Verbrennungsrückstände in normale Untersuchungsgruben zu entsorgen und anschließend per Hand herauszuschaufeln.

Modellumsetzung

Die Kombination von Hunten und Bockkran bietet Faller in H0 und N an. Vor allem in Württemberg war die Kombination von Ausschlackplatz und Besandung anzutreffen. Das Gestell für den Sandhochbehälter ergänzte man um den Bockkran. Vollmer bietet diese Bw-Einrichtung leider nur als reinen Sandbehälter an. Der fehlende Kran sollte ergänzt werden.

Die passenden U-Gruben sind von B & K (jetzt Klier), Faller und Auhagen zu erhalten, zierliche Schlackenhunte aus Messingguss bietet für H0 Weinert an.

Zierliche Modelle für Entschlackungsanlagen mit Schrägaufzug sind von Faller, Klier und Vollmer für H0 im Angebot.

Zwei verschiedene Ausführungen von DRG-Schlackensümpfen bot ursprünglich B & K an, heute hat Klier sie im Sortiment. Unverzichtbares Zubehör der Ausschlackplatzes sind Schürhaken und Kratzer, ohne die eine grundlegende Säuberung des Aschekastens nicht möglich war. Aufbewahrt wurden sie an Gestellen unmittelbar neben oder zwischen den Ausschlackgleisen. Zwei passende Modelle finden sich im H0-Sortiment von Weinert.

Die in der Rauchkammer angesammelte Lösche schaufelt man bis heute von Hand direkt neben das Gleis oder in kleine Tiefbansen. Mechanische Einrichtungen gab es nicht. Bei kleinen Anlagen gelangte sie auch in Schubkarren, um sie anschließend zum Lagerplatz zu fahren. Am Arbeitsplatz des Löschziehers befanden sich somit nur eine Schaufel und ein Wasserschlauch zum Löschen noch glühender Kohlefeinstäube.

Die DRG führte motorosierte Schrägaufzüge (Faller) ein. Mit ihnen lässt sich die Schlacke bequem in einen Schlackewagen umladen.

Für größere Bw gab es auch die Doppelausführung (Klier).

Der Bekohlungskran leert auch die Sümpfe großer Ausschlackanlagen (B & K).

Besandungsanlagen

Wie wichtig der Betriebsstoff Sand ist, merkt man oft erst, wenn er fehlt. Eine Anlage zum Nachfüllen der Bremssandvorräte auf der Lok gehören auch in jedes Modell-Bw.

Schon sehr früh erkannte man, dass zum Bremsen und Anfahren der Lokomotiven Sand zur Erhöhung der Reibung zwischen Schiene und Rad ideal ist. Bei Dampfloks transportierte man ihn in Kästen auf dem Lokkessel. Hier lagerte er warm und vor allem trocken.

Der Rohsand wurde in einfachen Bansen im Schuppen oder bei größeren Anlagen in unmittelbarer Nähe der Besandungsanlage gelagert. Die Aufbereitung erfolgt in entsprechenden Trockenöfen, die anschließende witterungsgeschützte Lagerung in gößeren Vorratsbehältern.

Bei kleineren Anlagen gelangte der Rohsand von Hand per Schaufel in den Trockenofen und von da mittels Eimer in den Sandkasten der Lok. Um die Besandung der Lok etwas zu vereinfachen und körperliche Arbeit zu reduzieren, ersann man ab 1900 technische Hilfsmittel. Eine Lösung, das System Keller, war ein in einem Turm senkrecht hinaufgezogener Behälter, der in ein kleines Hochlager entleert wurde. Ähnlich arbeitete auch ein Becherwerk der Firma Heime & Herzfeld. Eine kostengünstige Alternative war der auf einem Gerüst aufgeständerte Trockenofen nebst Sandabgabe, wie er unter anderem im Bw Freiburg stand. Hier befüllte ein Greiferkran den Trockenofen. In den Sandkasten der Lok gelangte der Sand über die Schwerkraft durch Teleskop-Schläuche mit Absperrschieber.

Bei größeren Anlagen befand sich ab den 1920er-Jahre der Trockenofen ebenerdig in einem separaten Ge-

Zur Besandungsanlage (Kibri), deren Sandtransport mit Luft erfolgt, gehört auch ein Haus mit Sandtrocknung sowie ein Druckluft-Ausgleichsbehälter (Vollmer).

Besandet wurde zur Ländebahnzeit vielerorts im Freien. Dazu genügte ein Podest, bei dem man über eine Klappbrücke zum Kesseldom gelangte.

Die Reichsbahn entwickelte in den 1930er-Jahren ein einheitliches Besandungssystem, das mit Druckluft betrieben wird (Weinert). Das Sandlager mit Trocknungsofen befindet sich im separaten Gebäude.

Große Bw besaßen auch mehrgleisige Einheits-Besandungsanlagen (Kullma
Die beiden Sandbehälter ruhen auf einem gemeinsamen Gestell.

In manchen Bw standen zwei unterschiedliche Generationen der Einheitsbesandung.

bäude und besaß einen trichterförmigen Aufbau mit einem Fassungsvermögen von bis zu mehreren Tonnen, der durch eine Klappe im Dach des Besandungsgebäudes mittels Kran befüllt wurde. Der trockene Sand wurde dann mittels Druckluft in eine kleine hochgelagerte Behälter geblasen und rieselte von dort sofort über das Teleskoprohr in den Sanddom der Lok.

Ab Ende der 1920er-Jahre kristallisierte sich eine einheitliche Form der Besandungsanlagen heraus. Hier ruhte ein größerer Blechbehälter, der als Zwischenlager für den getrockneten Sand fungierte, entweder auf einem Gittermast zwischen zwei Behandlungsgleisen oder auf einem Bockgerüst über dem Behandlungsgleis. In manchen Fällen kombinierte man für zwei Gleise zwei Gittermasten nebst Behälter. Diese Form der Besandung wurde auch nach dem Traktionswechsel auf Diesel- und Elloks beibehalten, man verlängerte lediglich die Sandschläuche bis zu den Drehgestellen und erhöhte gegebenfalls das Bockgerüst in einem Ellok-Bw wegen der Oberleitung.

Besandungen gehören zwar zum Angebot aller Zubehörhersteller, aber bevorzugt werden die Luftdruck-Hochbehälter ab der Epoche IIb. Wichtige ältere Bauarten gibt es nicht, einzig die aufgeständerte frühe DRG-Besandung findet man als Modellnachbildung des Freiburger Vorbilds beim Kleinserienhersteller KHK. Vergessen sollte man bei der Modellnachbildung keinesfalls das Sandlager. Bei den zwei H0-Modellen von Faller und Kibri darf keinesfalls der Greiferdrehkran vergessen werden, denn die Sandbefüllung des Trockenofens erfolgte über die verschiebbare Dachöffnung. Der Kran kann ein großer Bekohlungskran oder ein Regelspurkran sein.

Auch in transportablen Behältern (Weinert) lässt sich Sand für die Lok unterbringen. Befüllt wird die Lok händisch.

Mit einem senkrecht hochziehbaren Transportbehälter (System Keller) hat man ab 1910 versucht, eine in sich geschlossene, mechanisch arbeitende Besandung für größere Bw zu entwickeln (Selbstbau).

Eine frühe Bauform der DRG ist die Besandung des Bw Freiburg mit erhöhtem Lager und Trocknungsofen (KHK). Befüllt wird sie durch einen Greiferdrehkran.

Kohlenstaubanlagen

Kohlenstaubfeuerungen in Lokomotiven waren eine Spezialität der Reichsbahn in den Epochen II und III. Mit ihr versuchte man die minderwertige Braunkohle zu nutzen.

Mit Aufnahme der ersten Fahrversuche mit kohlenstaubgefeuerten Loks in Mitteldeutschland in den 1920er-Jahren entstand im Bw Halle G zur Erleichterung des Umfüllens aus Waggons zunächst ein kleines Umladegerüst, mit dessen Hilfe der Kohlenstaub mittels Schlauchverbindung direkt von oben in die Tender eingeblasen werden konnte. Wenig später führte die Bewährung des Konzeptes dazu, dass man schließlich in Senftenberg in unmittelbarer Nähe zu den Kohlenfabriken eine größere Bunkeranlage mit eigenem Malwerk aufbaute. Nach dem Zweiten Weltkrieg setzte man diese dann nach Halle G um, wofür ein Teil des dortigen Kohlebansens abgetrennt wurde. Die dritte und sicher eindrucksvollste Anlage baute die DR Ende der 1950er-Jahren in Arnstadt. Sie besaß acht einzelne Bunker auf einem gemauerten Sockel. Die dort beheimateten Staubloks sorgten auf den langen Rampen- und Tunnelstrecken für bessere Arbeitsbedingungen des Lokpersonales.

Nach 1949 enstand für die Senftenberger Kohlenstaubloks, wegen der Druckluftversorgung unmittelbar neben der Besandung, eine Bunkeranlage mit zwei Silos. Sie kann mit kleinen Abstrichen vergleichsweise leicht nachgebaut werden.

In Senftenberg standen zwei Kohlenstaubvorratsbehälter zusammengefasst zu einer Anlage (Foto um 1976).

Für die Kohlenstaublokmodelle fehlt eine passende H0-Bunkeranlage. Den Typ „Senftenberg" kann mit handelsüblichen Bauteilen nachempfinden.

58 2104
Höchst zulässiger Druck 2atü
Zur Beachtung!
DR
54-03-10

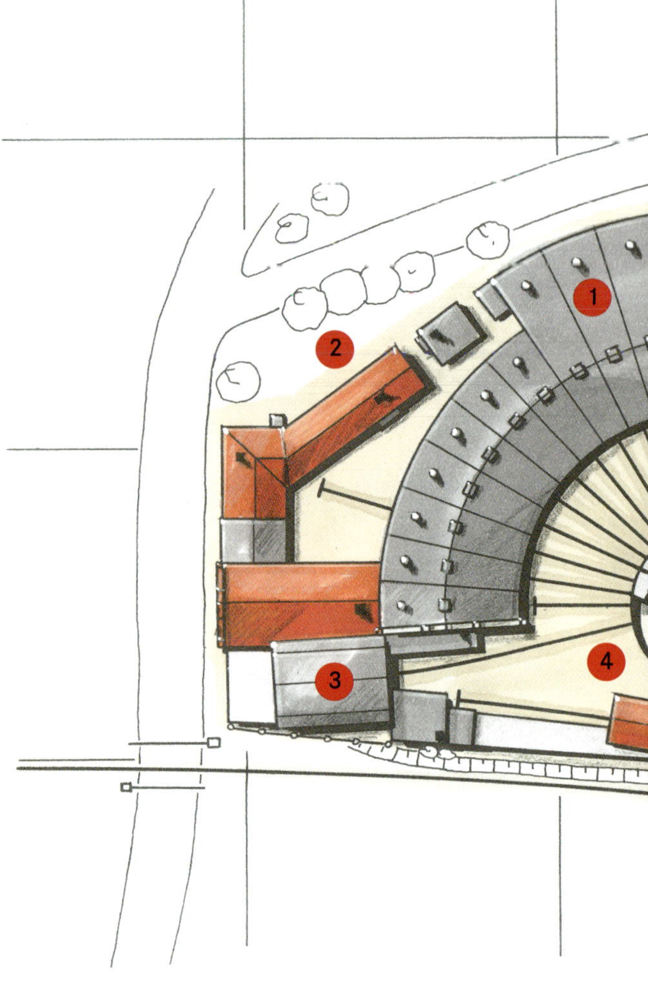

Die erste Bunkeranlage für Kohlenstaub bestand in den 1920er-Jahren im Bw Halle G lediglich aus einem Umladegestell. Ein entsprechendes Modell führte seinerzeit Heico, es erforderte jedoch zahlreiche Nacharbeiten und Anpassungen.

Staubbunker Senftenberg

Nach 1949 entstand für die Senftenberger Kohlenstaubloks eine Bunkeranlage mit zwei Silos. Man plazierte sie wegen der erforderlichen Druckluftversorgung nahe der Besandung und blieb bis weit in die Epoche IV hinein bestehen. Ein ähnliches Vorbild mit vier Silos fand sich in Dresden-Friedrichstadt. Man kann mit sie kleinen Abstrichen vergleichsweise einfach in der Nenngröße H0 nachbauen.

Basis ist der Betonsilo-Bausatz von Piko. Alternativ kann man auch auf die Piko-Getreidesilos zurückgreifen. Montiert wird zunächst nach Bauanleitung, einzige Änderung ist die, dass der Aufsatz der beiden Silos um 90° gedreht auf das Grundgestell geklebt wird. Dadurch ist es möglich, die Anlage platzsparend so aufzustellen, dass die Vorratswagen (Roco) direkt unter der Bunkeranlage hindurchfahren können, was in Senftenberg aber nicht der Fall war.

Die dem Turm vorgelagerte Arbeitsbühne entsteht aus Bausatzteilen und Geländern. Durch die Verwendung der beiliegenden Leiter ergibt sich eine Anbauhöhe der Bühne, die der Tenderhöhe der Roco-Serienmodel-le sowie der Tenderumbausätze von SEM/Eisenkolb entspricht. Die übermäßige Silohöhe sollte jedoch beim Modell vorbildgerecht gekürzt werden,

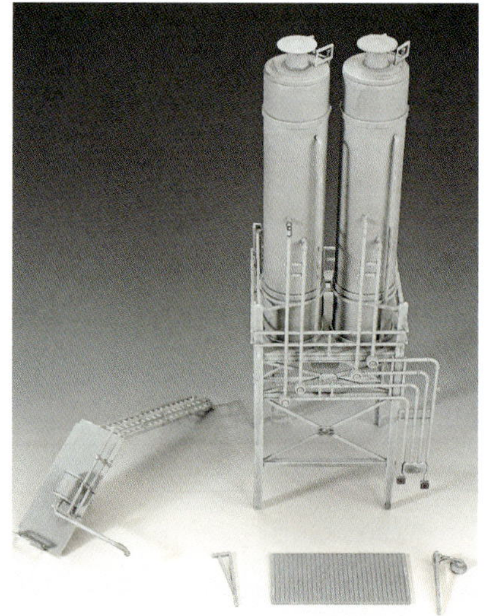

Die Arbeitsbühne der zukünftigen Kohlenstaubanlage entsteht aus Teilen eines Piko-Bausatzes und wird vor den verdrehten Siloturm geklebt.

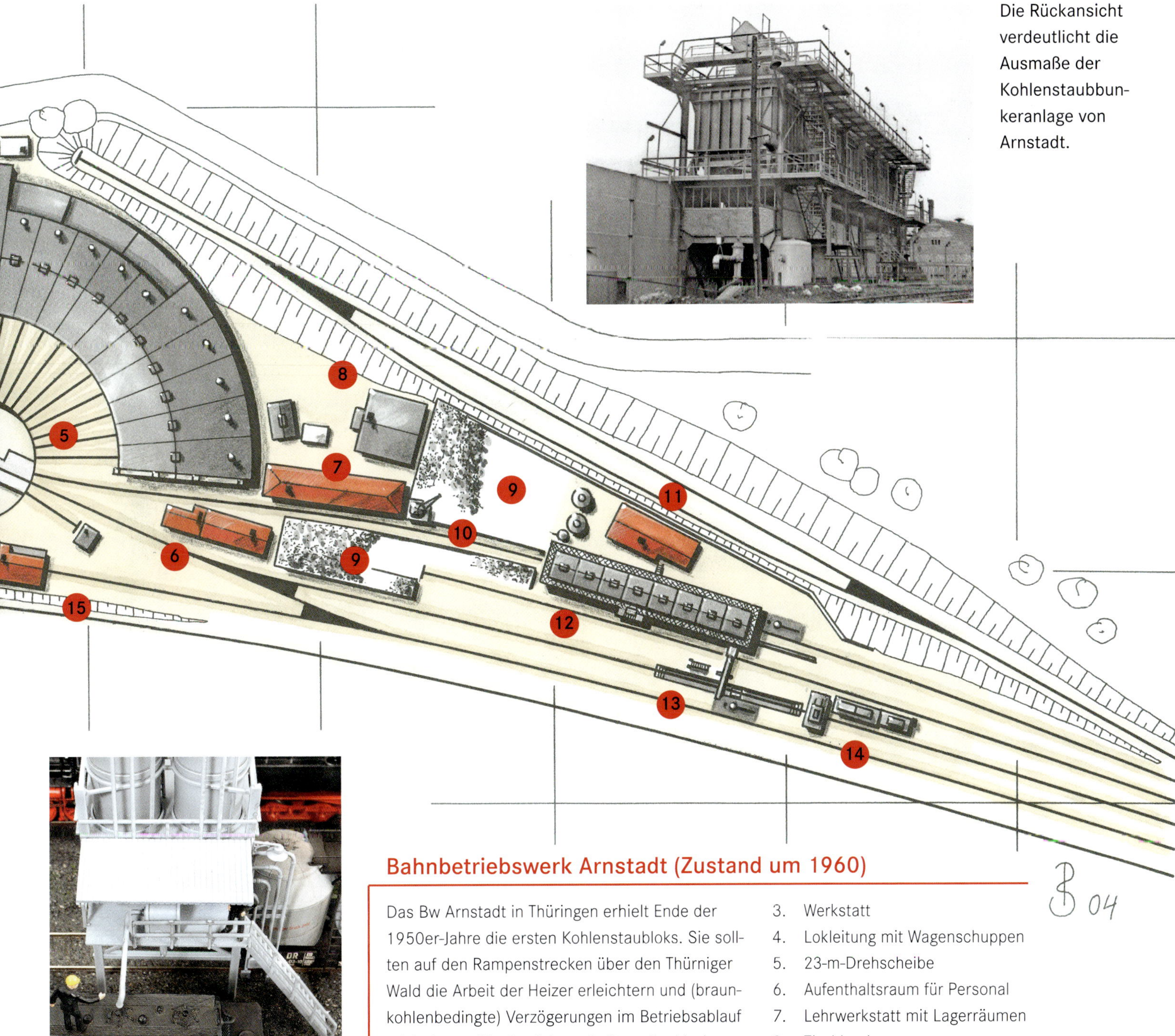

Die Rückansicht verdeutlicht die Ausmaße der Kohlenstaubbunkeranlage von Arnstadt.

Der Ausleger der nachempfundenen Staubkohlenanlage „Senftenberg“ soll so bemessen sein, dass er auch bis zur Einfüllöffnung des Tenders reicht.

Bahnbetriebswerk Arnstadt (Zustand um 1960)

Das Bw Arnstadt in Thüringen erhielt Ende der 1950er-Jahre die ersten Kohlenstaubloks. Sie sollten auf den Rampenstrecken über den Thüriger Wald die Arbeit der Heizer erleichtern und (braunkohlenbedingte) Verzögerungen im Betriebsablauf minimieren. Die dominierende Baureihe bis Anfang der 1970er-Jahre war die BR 44. Nach dem Ende der Kohlenstaubloks wurden die acht Bunker als Sandbehälter u. a. nach Weißenfels, Meiningen und Gera umgesetzt. Die Grundmauern der Anlage können noch heute in Arnstadt bestaunt werden.

1. Ringlokschuppen
2. Stofflager und Umkleideräume
3. Werkstatt
4. Lokleitung mit Wagenschuppen
5. 23-m-Drehscheibe
6. Aufenthaltsraum für Personal
7. Lehrwerkstatt mit Lagerräumen
8. Tischlerei
9. Kohlebansen
10. ortsfester Bekohlungskran mit Hunten
11. Druckluftversorgung der Kohlenstaub-Bunkeranlage
12. Kohlenstaubbunker mit acht Behältern
13. Entschlackung mit Bockkran
14. Besandungsturm mit Sandhaus
15. Dieseltankstelle

Schwerölbetankung

Der Einsatz von Modellen ölgefeuerter Dampfloks macht die Nachbildung der zugehörigen Versorgungsanlagen aus Bausätzen oder im Eigenbau erstrebenswert.

In den 1960er-Jahren setzten sich nicht nur Dieselloks durch, auch ölgefeuerte Dampfloks benötigten in einigen Bw ihre Versorgungsanlage. Während das Schweröl in senkrechten Tanks lagert, ist der Diesel in waagerechten Behältern untergebracht.

Mitte der 1950er-Jahre begann die Deutsche Bundesbahn auf ihren wichtigsten Nord-Süd-Verbindungen mit der Erprobung umgebauter, ölgefeuerter Dampflokomotiven. Der Brennstoffvorrat wurde in Bebra zunächst durch eine verfahrbare Tankstelle, die sogenannte „fliegende Betankung“, direkt aus Kesselwagen ergänzt. Als sich der Erfolg dieser Feuerungsart abzeichnete, wurden nach Umrüstung zahlreicher Loks der Baureihen 01.10, 41und 44 stationäre Anlagen in den wichtigsten Bw errichtet. Gelagert wurde das verwendete schwere Bunkeröl in liegenden oder in Hochtanks. Zum Umfüllen in die Tender, was zunächst von oben erfolgte, dienten Kräne ähnlich denen der Wasserversorgung. Die Ausleger waren vertikal und horizontal schwenkbar und mussten beheizbar sein, da das Öl erst oberhalb 80 Grad fließfähig wurde. Zum Beobachten des Einfüllvorganges besaßen die Ölkräne bei ausreichendem Platz ein Hochpodest (Osnabrück oder Rheine) oder nur eine Klappleiter.

Wegen der zunehmenden Fahrdrähte innerhalb von Bahnhöfen stellte die Bundesbahn bereits Mitte der 1960er-Jahren das Betanken von oben weitgehend ein und rüstete die Tender mit entsprechenden, außen verlaufenden Steigrohren aus. Diese erlaubten ein Betanken vom Boden aus.

Ölfeuerung der DR

In der DDR setzte sich die Ölbetankung erst in den 1960er-Jahren durch. Im Gegensatz zur DB waren die Anlagen jedoch nicht vereinheitlicht; vielmehr wichen sie in den meisten Bw mehr oder weniger deutlich voneinander ab. Mobile Anlagen gab es nicht, die Vorräte wurden immer an ortsfes-

In Bebra stand der erste westdeutsche Öl-Betankungskran, hier ohne Podest und noch ohne die spätere Anlegeleiter. Während des Ölbunkerns nutzte man die Zeit auch zur Wasseraufnahme.

Beginn der Ölbetankung im Westen: D-Züge hielten im Bahnhof Bebra an der so genannten „fliegenden Betankung“ (Weinert).

Der schwenkbare Ölkran ersetzte schon bald die „fliegende Betankung“ und wurde westdeutscher Standard.

ten Anlagen und von oben ergänzt. Allen war gemein, dass eine Klappbühne mit Sicherungsbügel auf den Tender geklappt und das heiße Öl über ein Schwenkrohr mit Gummischlauch eingefüllt wurde. Die Bühnen besaßen in einigen Fällen sogar einen Regenschutz. Viele ölgefeuerte Dampfloks (BR 03.10, BR 50) verkehrten nur im Norden der DDR, im Süden traf man die Öler dagegen nur auf den Rampenstrecken des Thüringer Waldes (BR 44 und BR 95) beziehungsweise im Mansfelder Land (BR 44) an. Nur die BR 01 war weit verbreitet.

Zunehmende Elektrifizierungen, Umstellungen auf Dieselloks sowie Fortschritte in der chemischen Industrie bei der Verwertung des Bunkeröles, aber auch steigende Ölpreises führten dazu, dass bei beiden deutschen Bahnverwaltungen noch in den 1970er-Jahren die ölgefeuerten Loks wieder von den Gleisen verschwanden bzw. umgebaut wurden.

In den Bw wurden mit der Einführung der Ölfeuerung einige Umbauten notwendig, da einerseits Öltanks aufgestellt werden mussten, andererseits diese auch einen geeigneten Auslaufschutz (Wanne) erforderten. Vereinzelt bot es sich an, die Tanks innerhalb der Beton-Kohlebansen aufzustellen. Durch die neue Feuerungsart war der Bedarf an Lokkohle auch nicht mehr so hoch, sodass dies möglich wurde.

Zumindest bei der Reichsbahn in der DDR war es zudem üblich, die Gleise entlang der Öltankanlagen mit Betonplatten abzudecken, um im Notfall ein Einsickern des Bunkeröles in das Erdreich zu vermeiden. Zudem stellte man zusätzliche Feuerlöscher auf.

Ölbetankung Saalfeld

Ölgefeuerte H0-Lokomotiven nach DR-Vorbild haben mit Piko und Roco inzwischen zwei Hersteller im Lieferprogramm, allerdings existieren bis heute keine Modelle passender Betankungsanlagen. Dem interessierten Modellbahner bleibt deshalb nur der Eigenbau. Ein dankbares Vorbild auch für Einsteiger sind die Ölbetankungskräne nach dem Vorbild des Bw Saalfeld: Sie bestanden aus einem Treppengerüst mit Klappbühne

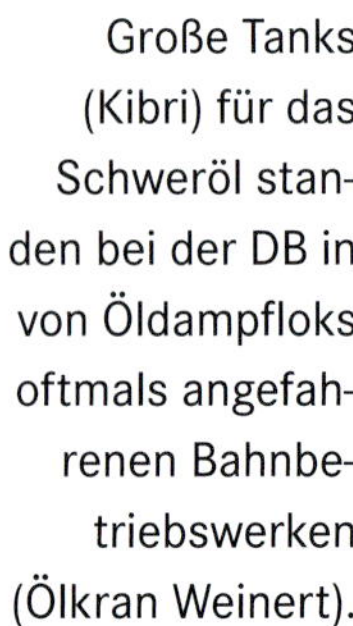

Große Tanks (Kibri) für das Schweröl standen bei der DB in von Öldampfloks oftmals angefahrenen Bahnbetriebswerken (Ölkran Weinert).

und Schutzgitter sowie einem schwenkbaren Rohrausleger. Zahlreiche verwendbare Teile zum Nachbau finden sich im Bausatz der Abfüllstation von Piko. Durch Teilen der Hauptbaugruppen erhält man die Baugruppen für zwei Tankgerüste, was im Übrigen auch dem Saalfelder Vorbild entspricht. Einziges Manko: Die Aufstiegsleitern sind bei ebenerdiger Montage für die Tender zu niedrig. Man kann daher die Betankung im Modell-Bw leicht erhöht vorsehen oder aber, wie im vorliegenden Fall, die Treppe mit einem Aufstieg aus Bauteilen von Plastruct erweitern. Gleichfalls aus handelsüblichen Kunststoffprofilen für Geländer entsteht das Schutzgitter. Die notwendigen Rohrleitungen lassen sich anhand von Vorbildfotos aus 1,5-mm-Rundprofilen biegen. Wichtig ist vor der endgültigen Montage und Lackierung eine Stellprobe mit einem Lokmodell.

Wichtigstes Zubehör im direkten Umfeld sind die Lagerbehälter für das Öl. Da bei der DR dafür ausgemusterte Kesselwagen genutzt wurden, sind solche auch im Modell die Basis. Dem Spenderwagen von Piko kann das Unterteil recht einfach entnommen werden. Der nackte Kessel lagert dann auf kurzen Betonstützen, gewonnen aus ca. zwei Millimeter starken Kunststoffstreifen. Die Farbgebung in einem hellen Ockerton mittels Pinsel erweckt den Eindruck der beim Vorbild üblichen Beschichtungen.

Zur Unterbringung der notwendigen Pumpen dient im Modell-Bw ein ausrangierter Zehn-Fuß-Container. Der Anschluss der Kesselwagen erfolgt über Stutzen, welche von den Unterteilen der Spenderwagen stammen.

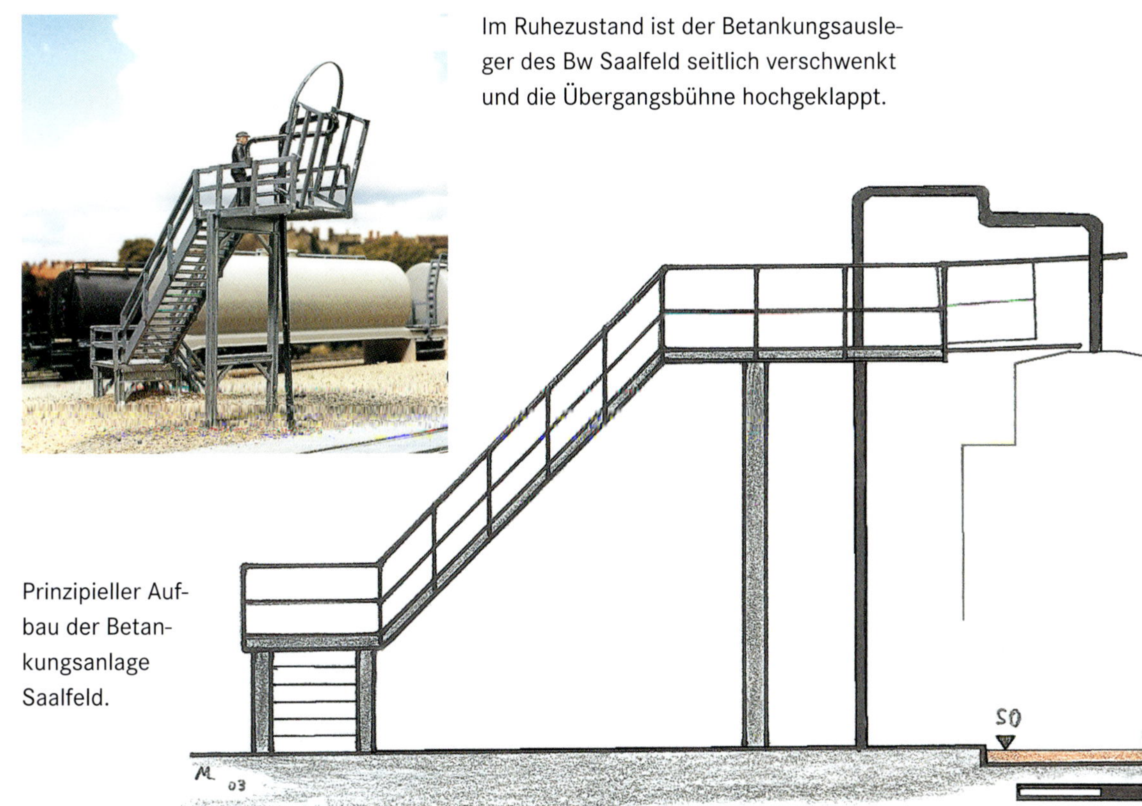

Im Ruhezustand ist der Betankungsausleger des Bw Saalfeld seitlich verschwenkt und die Übergangsbühne hochgeklappt.

Prinzipieller Aufbau der Betankungsanlage Saalfeld.

Während der Heizer die Betankung der ostdeutschen 44 0858 überwacht, schaut der Lokführer, welche Vorräte ergänzt werden müssen.

Drehen und Verschieben

Drehscheiben nutzte man in erster Linie zum Wenden, sie waren aber auch platzsparende Lokschuppenzugänge. Schiebebühnen dienen dagegen als reiner Abstellgleiszugang.

Die Wiederholt-Drehscheibe bildet wie hier im Bw Ottbergen den Mittelpunkt einer Lokabstellgruppe zur Dampflokzeit.

Lokparade vor dem Ringlokschuppen im Bw Gelsenkirchen-Bismarck. Nur über die Drehscheibe gelangen die Loks zum Schuppen (Foto um 1976).

Die Aufgabe einer Drehscheibe ist das Wenden der Lokomotiven in den Bahnhöfen. Dies war bereits in der Frühzeit der Eisenbahn deshalb nötig, weil für die Vor- und Rückwärtsfahrt unterschiedliche Höchstgeschwindigkeiten galten. Zudem ließen sich zahlreiche Instrumente auf dem Führerstand der Loks rückwärts nur ungenügend beobachten und bedienen.

Der Wendevorgang war aber nicht nur für Loks mit Schlepptender obligatorisch, auch Tenderloks, die bekanntlich sowohl im Vorwärts- wie auch im Rückwärtsfahren gleich flott waren, nutzten gelegentlich die Drehscheibe zum Wenden. Auf diese Weise wurde das einseitige Abnutzen der Spurkränze verhindert. Selbst moderne Elloks nehmen heute aus demselben Grund einen Richtungswechsel auf der Drehscheibe, sofern noch vorhanden, gelegentlich vor.

In Bahnbetriebswerken – und zu Beginn des Eisenbahnzeitalters außerdem in Bahnhöfen – nutzte man Drehscheiben gerne als im Vergleich zu Weichenverbindungen platzsparende Einrichtung.

Ursprünglich waren die Drehscheiben als starre, einteilige Brücken ausgeführt und ihre kleinen Gruben komplett abgedeckt. Steigende Loklängen ließen auch die Drehscheibenbühnen wachsen: Zunächst 16 Meter, später 18 Meter,

Ottbergen

Die Drehscheibe eines Bw wurde stets den aktuell beheimateten Lokomotivgrößen angepasst. Dennoch blieben in einigen Bw die kleinen Länderbahnscheiben (Umbau Fleischmann) bis zum Schluss, da dort nie längere Lokomotiven als wie die ursprünglichen beheimatet wurden.

Lokdrehscheiben waren früher aus Sicherheitsgründen komplett mit Holzplanken abgedeckt.

Rechts: Wagendrehscheiben (B & K) mit Handbetrieb sind in einem Bw bei engen Platzverhältnissen bei Zuliefergleisen anzutreffen.

und um 1900 wurde eine Länge von 20 Metern erreicht. Die höheren Gewichte führten allerdings zu einer stärkeren Belastung des als Königsstuhl bezeichneten Drehpunktes, auf dem auch das gesamte Gewicht der Drehbrücke ruhte. Zudem nahmen konstruktiv bedingt die Gruben immer Tiefe in Anspruch, was die Baukosten unnötig erhöhte. Abhilfe schaffte ab 1915 die neuartige, zweigeteilte Bühne der sogenannten Gelenkdrehscheiben. Bei ihr lagen die Gewichte je Brückenteil gleichmäßig auf Laufrad und Königsstuhl verteilt. Mit Einführung der ersten Einheitsloks betrug die komplette Bühnenlänge nun 22,5 Meter, ab 1936 beschaffte die DRG schließlich einheitliche Scheiben mit 23 Meter und einige wenige mit 26 Meter Länge, deren Ersatzteile untereinander tauschbar waren.

Der Antrieb der Drehscheiben erfolgte in der Regel mit Elektromotor. Fiel dieser aus, war ein Notbetrieb mit Druckluft oder Handkur-

Noch vor dem Zweiten Weltkrieg führte man die Einheitsdrehscheibe mit Schotterbettung (Umbau Fleischmann) ein. Sie diente ausschließlich dem Wenden von Fahrzeugen.

Mitte links: Doppeldrehscheiben (Umbau Fleischmann) wie im Bw Hamburg-Altona ersetzten die ursprünglich kleineren Einzeldrehscheiben.

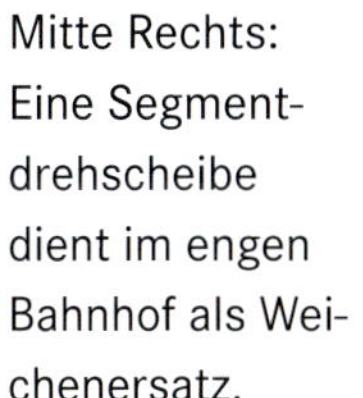

Mitte Rechts: Eine Segmentdrehscheibe dient im engen Bahnhof als Weichenersatz.

Wie in Neuenmarkt-Wirsberg war es nicht immer möglich, längere Drehscheiben zu installieren, da das Bahnhofsgleis im Wege war. Dann begnügt man sich mit einer ungleicharmigen Bühne (Umbau Roco).

Ab Ende des 19. Jahrhunderts befinden sich Schiebebühnen vermehrt in Lok- und Wagenwerkstätten, in Bahnhöfen verschwinden sie als Weichenersatz ganz.

Bereits in Epoche I nutzte man wie hier in Würzburg um 1870 Schiebebühnen (Selbstbau) als Lokverteiler innerhalb der Abstellgruppe. Im Laufe der Zeit wurden die Loks jedoch länger und man musste Lok und Tender getrennt bewegen.

bel und Kettenantrieb möglich. Auch mit Druckluft der zu wendenden Lok konnte man sie betreiben.

Schiebebühnen

Viele große Bahnbetriebswerke wie Stuttgart oder Hamm sowie zahlreiche Werkstätten nutzen zum Verteilen der Loks in den Rechteckschuppen platzsparendere Schiebebühnen in Kombination mit einer zusätzlichen Drehscheibe als reine Wendeeinrichtung ohne Abstellgleise in der Nähe der Lokbehandlungsanlagen.

Beliebt waren sie aber auch schon in der Frühzeit der Eisenbahn. Die im Freien untergebrachte Schiebebühne ermöglichte ein bequemes Verschieben von Personenwagen oder in Werkstätten auch von Loks auf engstem Raum zwischen den Abstellschuppen, flächenfressende Weichenstraßen konnten entfallen, zumal damals Weichen wegen Schienenbruch anfällig waren.

Die sogenannte Kletterschiebebühne gab es dagegen nur in einer Wagenwerkstatt, da die flache Konstruktion ohne Grube keine großen Lokgewichte erlaubte.

Zum Bewegen kalter Loks besaßen Drehscheiben und Schiebebühnen im Bedienerhaus motorische Winden.

Modellnachbildungen

Für den Einsatz auf der Anlage kann der Modellbahner unter verschiedenen Drehscheiben aus Großserienfertigung wählen. Leider sind sie alle nicht absolut vorbildgerecht und haben Vorbilder ab der Epoche II. Die große 26-m-Fleischmann- bzw. -Märklin-Drehscheibe entspricht mit ihrer nachgebildeten Schotterbettgrube einem Sonderfall ab 1938, während Rocos 22,5-m-Drehscheibe der frühen Epoche II zugeordnet werden kann. Die kurze 16-m-Scheibe von Fleischmann in der Nenngröße H0 ist in Wahrheit eine DRG-Einheits-Drehscheibe in N und entspricht weder in Grubenform noch Bühnenkonstruktion einer echten Länderbahnscheibe. Sonderfälle, etwa die Segmentscheiben, finden sich nur bei Kleinserienherstellern, beispielsweise Noch.

Schiebebühnen gibt es als Serienprodukt nur zwei: Eine Bundesbahnversion der 1950er-Jahre für Loks von Brawa und eine eher für Waggons in Ausbesserungswerken genutzte von Märklin. Länderbahnausführungen und andere finden sich bei Kleinserienherstellern.

Links: Mit Licht und Gleissperrsignal ausgestattet versieht die digital gesteuerte Schiebebühne von Märklin ihre Dienste.

Oben: Vergleich der lackierten Bühne mit dem Original.

Das Gleissperrsignal stammt von Viessmann.

Signale für Schiebebeühne

Schiebebühnen ab der Epoche IIb sind oftmals mit Lichtsperrsignalen ausgerüstet, die die Rangierfahrten der Lokomotiven regeln. Gerade bei Dunkelheit ergeben sich hieraus interessante Lichtspiele, die durch die beleuchteten Bedienerhäuschen der Bühne noch ergänzt werden. Beides lässt sich mit wenig Material und Aufwand im Modell nachgestalten.

Als zweckmäßiger Einbauort für den Decoder bietet sich die Anbringung außen an der Bühne an. Hier wird oberhalb der Nietennachbildung ein Loch von 2,5 mm Durchmesser gebohrt, durch das die Kabel des Decoders durchgeführt werden können. Ein 1,8-mm-Loch hingegen erhält der Fuß der Oberleitungsbrücke, bevor man diese einsetzt. Auch am Schiebebühnenrahmen sieht man ein gleichgroßes Loch vor. Eine Abdeckplatte aus 1 mm starkem Kunststoff tarnt schließlich den Digital-Decoder.

Nun werden etwa in der Mitte unter der Bühne zwei Europlatinen mit je zwei Lötbahnen befestigt. Anschließend lötet man das rote Kabel des Decoders am Mittelleiter und das braune an der hinteren Kontaktlasche zu beiden Schienen an. Für die anderen Kabel werden folgende Funktionen festgelegt: Braun-Rot = F1; Braun-Grün = F2 und Braun-Gelb = F3. Das orangene Kabel wird als gemeinsamer Rückleiter an die Europlatine gelötet.

Für den Einbau der Viessmann-Signale entfernt man die Betonfüße, bevor sie an der Oberleitungsbrücke mit einem Tropfen Sekundenkleber in passender Höhe fixiert werden. Ihre Kabel führt man durch die Bohrungen bis zur Europlatinen und klebt sie fest. Zu guter Letzt werden die Kabel der neuen Bühnenhausbeleuchtung unterhalb der Schiebebühne zur Europlatine verlegt, passend abgelängt, angelötet und mit dem Decoder verbunden.

Die Stromversorgung verläuft unterhalb der Bühne. Der benötigte Decoder wird seitlich angebracht. Die Kabel führen durch ein Loch unter die Bühne.

Lokomotiven abstellen

Nicht im Einsatz befindliche Triebfahrzeuge müssen im Bw einen Abstellplatz zugewiesen bekommen. Früher platzierte man sie als Schutz vor der Witterung gern im Lokschuppen.

Der Lokschuppen dient der Lokomotive als Schutz vor der Witterung. Gleichzeitig werden sie dort gewartet, gesäubert und für den neuen Dienstauftrag vorbereitet.

Zur Abstellung und vor allem Wartung der Loks im Bw sind sie unabdingbar – die Lokschuppen. Unabhängig von ihrer Bauform unterteilt man sie in Betriebs- und Werkstattschuppen.

In der Frühzeit der Eisenbahnen errichtete man die Lokschuppen fast immer in der Rechteckform mit jeweils mehreren Ständen neben- und hintereinander. Mit verstärktem Aufkommen längerer Lokomotiven änderte sich der Trend, teure Drehscheiben wurden nun mit den Lokabstellplätzen kombiniert, die Bahnverwaltungen erbauten Ringlokschuppen. In Preußen und Baden waren diese teilweise wirklich rund, und die Drehscheibe befand sich wettergeschützt im Inneren. Überbleibsel solcher Schuppen finden sich noch heute in Berlin-Pankow und auch in Polen.

Die wachsende Lok- und damit auch Drehscheibenlänge machte die Modernisierung dieser Bauform wegen des Umbauaufwands unwirtschaftlich, und es setzten sich die heute allgemein bekannten Ringschuppen durch.

Neben klassischem Ziegelmauerwerk waren auch ausgemauerte Holz- und Stahlkonstruktionen üblich. Seit den 1920er-Jahren existieren ferner Ringschuppen in kompletter Betonbauweise.

Sehr große Rechteckschuppen mit einer innenliegenden Schiebebühne waren nur in größeren Dampflok-Bw interessant, da sie viel weniger Platz beanspruchten als mehrere nebeneinander liegende Ringlokschuppen. Im Zuge des Traktionswechsels hielten sie, zunächst als Ergänzung vorhandener Anlagen, auch in kleineren Bw Einzug.

Im Bw Hannover Hbf präsentieren sich vor dem großzügig verglasten Ringlokschuppen die neuen Einheitsloks der BR 01. (Foto um 1936)

24 069
24 069

Am Rande von Betriebswerken oder auch Bahnhöfen finden sich oft kleine Draisinenschuppen der jeweiligen Bahnmeisterei.

Typisch für kleine Lokbahnhöfe sind der am Schuppen angebaute Wasserturm sowie eine kleine Werkstatt nebst Aufenthaltsraum.

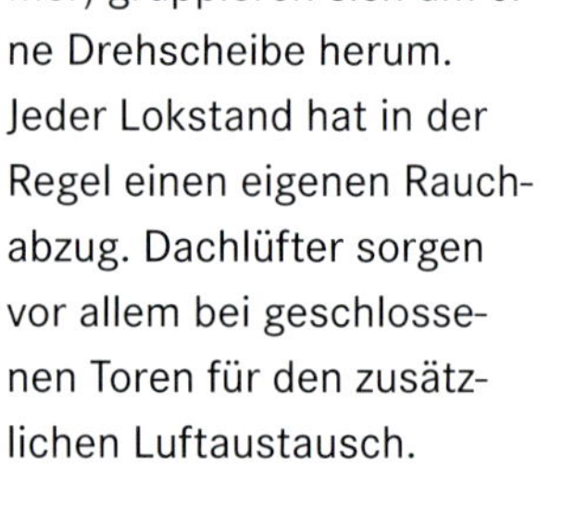

Die Stände eines Ringlokschuppens (Umbau Vollmer) gruppieren sich um eine Drehscheibe herum. Jeder Lokstand hat in der Regel einen eigenen Rauchabzug. Dachlüfter sorgen vor allem bei geschlossenen Toren für den zusätzlichen Luftaustausch.

In großen Betriebswerken wie Altona ergeben zwei Ringschuppen schon mal ein recht großes Oval.

Gerade bei Kleinbahnen entstanden größere Triebwagenschuppen durch stetes Anbauen an vorhandene Anlagen.

Ringlokschuppen mit Pultdach besitzen immer eine zentrale Rauchgasabführung mit hohem Schornstein und Sammelleitung unter dem First. So werden die Anwohner im zumeist städtischen Umfeld mit dichterer Wohnbebauung deutlich weniger durch Qualm und Rauch belästigt.

Im Krieg beschädigte Lokschuppen wurden nicht immer sofort repariert.

Nicht immer müssen Abstellgleise innerhalb eines Lokschuppens liegen. Bei kriegszerstörten oder geplanten Lokschuppen ergaben sich Situationen wie diese im abendlichen Bw Neuenmarkt-Wirsberg, wo auf der Drehscheibe (Umbau Fleischmann) gerade die V 188 zum Dienst übernommen wird.

Morgendlicher Dienstbeginn irgendwo in Mecklenburg-Vorpommern: Die Außenbeleuchtung über dem Lokschuppentor und am Wasserturm (Auhagen) brennt noch, während auf der angrenzenden Strecke der erste Zug einrollt.

Lokschuppen „Havelberg“

Der erzgebirgische Hersteller Auhagen hat mit der Wahl des einständigen Lokschuppens „Havelberg“ gleich zwei Fliegen mit einer Klappe geschlagen. Der Wasserturm, der dem Bausatz beiliegt, kann wahlweise als direkter Anbau wie beim Vorbild angesetzt werden oder auch einzeln stehen.

Wie bei jedem Bausatz aus Plastik trägt auch bei diesem Gebäudeensemble das Lackieren der Bauteile wesentlich zum realistischen Gesamteindruck bei. Dabei kommen nur matte Farben zum Tragen: für die Fassadenteile Kunstharzlacke und für die Hervorhebung der hellen Mauerfugen eine wasserlösliche, hellgraue Abtönfarbe. Während die Kunstharzlacke nach entsprechender Trocknungszeit nur noch mit Verdünnung abreibbar sind, kann das überschüssige Hellgrau auf den Mauerflächen mit Wasser wieder abgewischt werden. Sinnvoll ist es, Gebäudebereiche vor dem Lackieren schon weitgehend zu Baugruppen zusammenzusetzen, die später komplett lackiert werden. So hat man die Möglichkeiten, Grate zu entfernen oder kleine Spalten mit Nitrospachtel aufzufüllen. Das Fachwerk, Fenster, Türen und andere Kleinteile lackiert und altert man dagegen am Spritzling und klebt sie dann an dem Gebäude an.

Die U-Grube wird der gewählten Gleisbreite (neun oder zwölf Millimeter) entsprechend schmaler geschnitten und neu zusammengeklebt. Der Schnitt der Treppe erfolgt mit einer kleinen Tischkreissäge.

Häufig stattete man kleine Lokschuppen mit Böden aus Holz aus. Im Modell setzt man den Bretterboden ein wenig unterhalb der Gleisoberkante ein, sodass der Schienenkopf geringfügig übersteht.

Modellbau-Info

Die meiste Arbeit steckt man beim Auhagen-Bausatz in die individuelle Ausgestaltung der Inneneinrichtung und in die Lackierung mit matten Farben und Buntstiften. Die Innenwände erhalten eine Aufdickung und Verkleidung aus Polystyrolplatten und ein angedeutetes Dachgebälk aus Polystyrolprofilen. Im Einzelnen werden benötigt:

- Bausatz Lokschuppen Havelberg (Auhagen 11400)
- Untersuchungsgrube (Auhagen 41612)
- Microlämpchen (Weinert 2110 oder Busch 4298)
- Tiefenstrahler-Lampenschirm (Weinert-Ersatzteil)
- Bodenplatte Holz (Auhagen oder Brawa)
- Vierkantprofil 1,5 mm (Evergreen)
- Polystyrolplatten 1 mm
- Kunstharzlacke (Revell)
- hochwertige Buntstifte (Mittel- und Dunkelbraun, Schwarz, Orange u.a.)

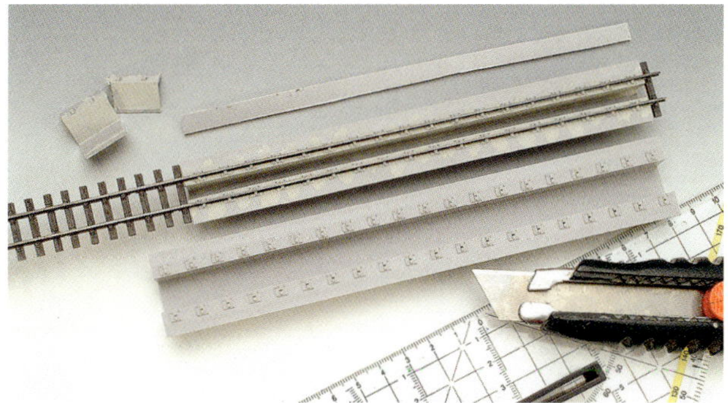

Die Normalspur-Grube von Auhagen trennt man mit einem Messer auf und verschmälert sie auf das gewünschte Maß.

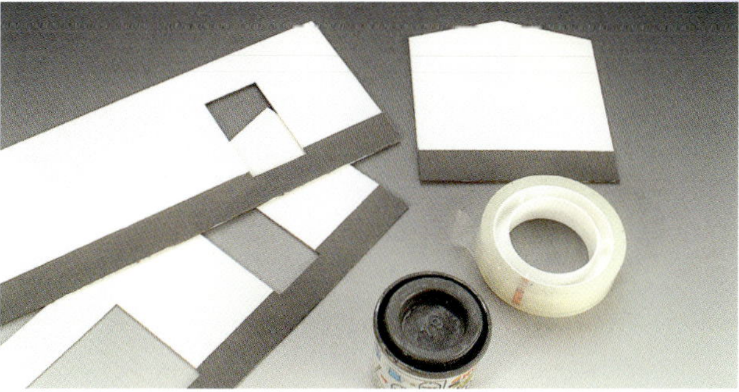

Die bereits zugeschnittenen und aufgedoppelten Innenwände erhalten ihre typische Lackierung vor der Montage.

Den Boden bedecken Holzplanken, passend zugeschnitten aus einer PS-Platte aus dem Auhagen-Programm.

Die Kabel für die spätere Innenbeleuchtung leitet man in den Zwischenwänden versteckt zum Dach hinauf.

Ausgestattet mit Werkbänken (MO-Miniatur) und weiteren Kleinteilen präsentiert sich das Schuppeninnere nach Abnahme des Daches.

Unten: Die Torhöhe des Auhagen-Modells ist für Normalspurloks ausgelegt. Tatsächlich beherbergte das Vorbild bis 1945 solche, erst dann erfolgte der Umbau für die Schmalspur.

Licht im Schuppen ist jedermanns Wunsch. Besonders wirkungsvoll sind zusätzlich beleuchtete Untersuchungsgruben mit echtem Neonlicht. Lampenimitationen aus Acrylstäben und weißen Lampenhaltern verdecken die Langlöcher für die Lichtquelle in der Seitenwand.

Modellbau-Info

Die Lichtquelle einer mit Neonlicht beleuchteten Modell-U-Grube liegt als Leuchtkasten unmittelbar darunter. Damit ist die Wärmeentwicklung deutlich niedriger und mit zwei quer zur Grube verlaufenden Leuchststoffröhren können mehrere Gruben parallel beleuchtet werden. Zudem wird das markant Licht auch im Modell sichtbar. Der Lichtschein gelangt über verspiegelte Plastikstreifen in die Grube. Nachstehendes wird benötigt:

- Untersuchungsgruben (Auhagen, KHK, Faller oder Peco)
- 1,5-mm-Polystyrolplatten
- ein ca. 2 mm starkes, 20 cm langes mattes Acrylstäbchen
- selbstklebende Silberfolie
- Kunstharzlacke, Verdünnung dazu
- Kunststoffkleber
- Neonröhrenlicht
- Fräsmaschine, 3-mm-Fingerfräser,
- Schlüsselfeilen, Bastelmesser
- verschiedene Pinsel

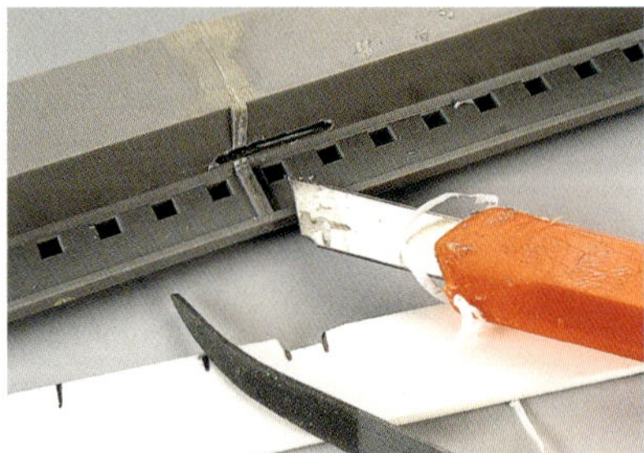

Mit einem 3-mm-Langfräser schneidet man 2 cm lange Löcher in die seitlichen Grubenwände.

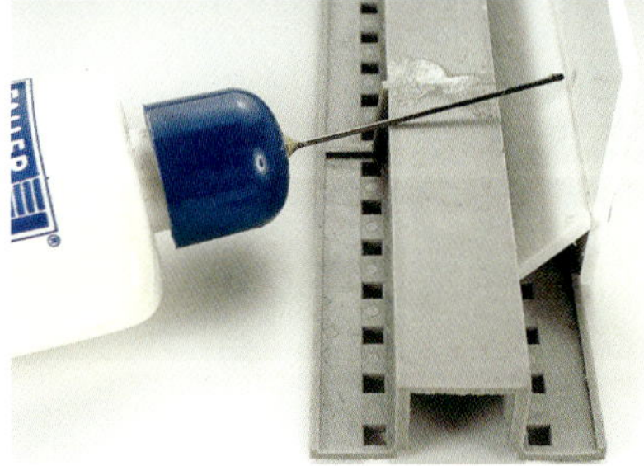

Schräg angesetzte Plastikstreifen werden durch Bekleben mit Silberfolie zum Spiegel der Hauptlichtquelle.

Im Lokschuppen

Eine Dampflok wurde aus verschiedenen Gründen in den Lokschuppen beziehungsweise die Lokhalle gefahren. Erstens war sie dort vor den Unbilden der Witterung geschützt. Zweitens fanden in der Lokhalle die meisten der allfälligen Fristarbeiten statt, wie zum Beispiel das Reinigen des Kessels oder Untersuchungen am Fahrwerk und der Bremsanlage. Kleinere Reparaturen führte man ebenfalls in der Lokhalle des Bw aus, nur bei umfangreicheren Schäden überstellte man die Lok in das nächstgelegene oder sonst verantwortliche Ausbesserungswerk, denn nur ganz wenige größere Bahnbetriebswerke hatten wie Düsseldorf Abstellbahnhof oder Dresden-Friedrichstadt auch eine eigene, ausreichend dimensionierte Werkstatthalle mit großem Laufkran zum Heben schwerer Lokteile wie Kessel, Tender oder gar einer kompletten Lokomotive.

Vor allem große Ringlokschuppen wie Düsseldorf-Abstellbahnhof (Klier) leben von ihrer (einsehbaren) Inneneinrichtung, zu der neben dem vorbildgerechten Fußboden auch die Dachkonstruktion sowie Einrichtungen wie Rauchabzüge und Werkbänke gehören.

Normalerweise standen die Loks mit ihrer Rauchkammer in einem Ringlokschuppen zur Rückseite, also der Fensterseite, hin. Hier war durch die konische Bauform deutlich mehr Platz für die regelmäßigen Wartungsarbeiten rund um Fahrwerk, Zylinder sowie Rauchkammer und es gab ausreichend Licht durch die große Fensterfläche.

Doch keine Regel ohne Ausnahme, und die wird der Optik wegen auf der Modellbahn ausgenutzt: Modelle können auch mit der Rauchkammer zur Drehscheibe hin im Lokschuppen abgestellt werden, wie man es etwa für wettergeschützte Arbeiten am Tender oder dessen Fahrwerk bevorzugte.

Da jeder Lokstand nur mit einem Rauchabzug ausgestattet war, unter dem die Lok mit ihrem Schornstein zum Stehen kam, sollte auf die zweite Reihe auf der anderen Schuppenstandseite im Modell verzichtet werden, auch wenn diese bei einigen Bausätzen vorgesehen sind. Einzige Ausnahme: Auf einem langen Stand kommen zwei kleine Maschinen zum Stehen.

Dachaufsätze direkt über dem Lokstand gehörten zu jedem Satteldach. Über diese Öffnung konnte der Rauch einer ein- und ausfahrenden Dampflok entweichen. Im Sommer standen die Schuppentore fast immer offen. So verringerte sich die Verqualmung innerhalb des Schuppens zusätzlich.

Eine vielfältige Maschinenausstattung belebt jedes Schuppeninnere.

Der Boden rund um die Werkbänke und Maschinen ist mit Holzbohlen ausgelegt. Das Holz kann Öl und andere Flüssigkeiten aufsaugen und herunterfallende schwere Gegenstände beschädigen nicht den Steinboden.

Fast jeder Lokstand war mit einer Untersuchungsgrube ausgestattet, ab der Epoche III sogar mit Neonlicht beleuchtet. Auf U-Gruben sollte man deshalb im Modell nicht verzichten, zumal inzwischen interessante Produkte erhältlich sind.

Ein Teil des Schuppens diente als Werkstatt. Dort standen Werkbänke und Maschinen, aber auch ein kleiner Kran zum Heben von Pumpen oder Windleitblechen. In größeren Schuppen war dort auch die Achssenke zum Radsatztausch installiert.

Der Schuppenboden

Der Fußboden eines Lokschuppens war wasserundurchlässig angelegt. Er musste ferner das Aufsetzen großer Geräte und Aufschlagen schwerer Teile aushalten, ohne Schaden zu nehmen. Als Material wählte man natürliche Steinplatten, in Zement eingelassenen Klinker oder Kopfsteinpflaster. Vor Werkbänken lagen Holzdielen als Bodenbelag. Da das Niveau des Schuppenbodens in der Regel mit der Schienenoberkante abschloss (Stolpergefahr), legten die Erbauer als haltbaren Übergang zwischen Schiene und Bodenkante Hartholzbohlen. Alternativ wurden auch Pflastersteine, umgedrehte Schienen, Winkeleisen und anderes Füllmaterial genutzt. Im Modell muss dagegen das Bodenniveau etwas niedriger als die Schienenoberkante ausfallen, damit Gleise bequem gereinigt werden können. Der Boden kann aus Polystyrolplatten oder aus Gips bestehen. Die Stoßkanten werden dann einfach eingeritzt.

Rauchabzüge

Ein vorbildgerechter Einzelrauchabzug lässt sich am einfachsten aus einem Rauchabzug-Bausatz für den Klier-Schuppen Düsseldorf Abstellbahnhof bauen. Die beiden Seiten des Trichters werden mit 0,8 mm starken Polystyrolstreifen um 3,5 mm nach unten verlängert. Das Messingrohr kann entsprechend der Dachhöhe abgelängt werden, so dass der Modellschlot der Dampflok unter dem Trichter einfahren kann. Ein kleiner Polystyrolstreifen am Trichterbeginn imitiert ein Verstärkungsblech. Hier werden auch vier 0,3-mm-Löcher für die Seilverspannung gebohrt. Auf dem Dach

Unter einem länglichen Rauchabzug kommt eine Dampflok auf jedem Abstellplatz des Lokschuppens zum Stehen. Dank des Abzuges wird der lästige Qualm ins Freie geführt.

Modellbau-Info

Die Nachbildung eines Rauchabzuges ist auch für wenig geübte Modellbauer nachvollziehbar. Folgende Materialien werden dafür benötigt:

- Rauchabzug aus dem B & K-Bausatz 33.018.1 (Internet oder Klier), alternativ Eigenbau aus Polystyrolplatten oder Klier-Bausatz Rauchabzug
- Messing-L-Profil 1 x 1 mm
- Messingstreifen 1 x 0,3 x 100 mm
- Messingblech 0,3 mm dick
- Polystyrolplatten 0,5 und 0,8 mm
- Polyamidfaden
- Sekundenkleber

kann das Rohr bei Bedarf verlängert werden. Die Imitation der Halteseile ist am besten durch vier Polyamidfäden zu erreichen, welche an den Seiten des Trichters befestigt, dann durch 0,3-mm-Bohrungen im Dach durchgefädelt und jeweils an den vier oberen Kanten des Aussenkamins verklebt werden.

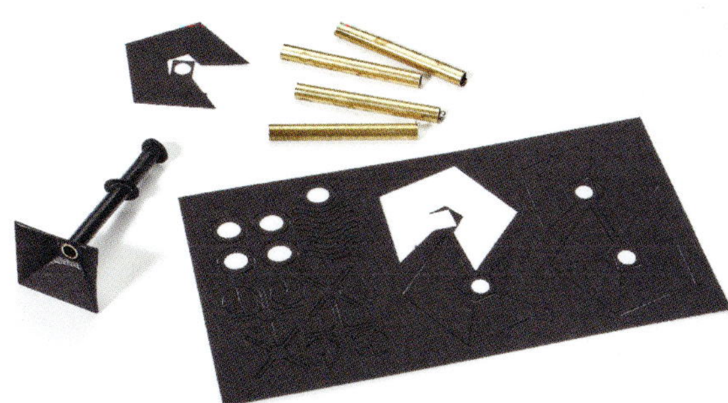

Zum Nachrüsten von kleinen Lokschuppen bietet der Kleinserienhersteller Klier einen Bausatz mit vier Abzügen in gemischter Messing-Karton-Bauweise.

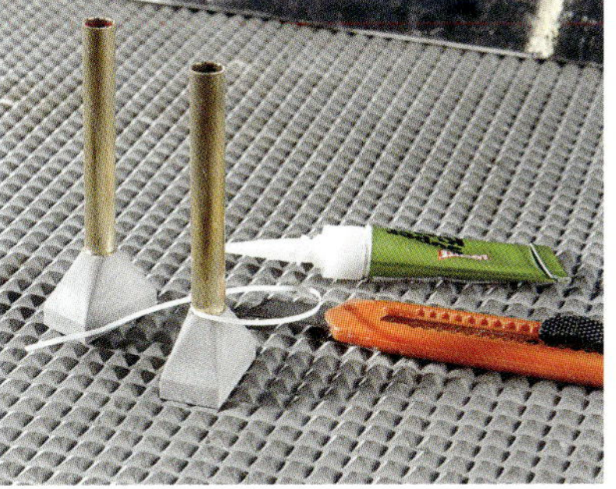

Ein Messingrohr dient beim Selbstbau als Kamin. Ein schmaler Plastikstreifen imitiert einen Verstärkungsring.

Vier kleine Löcher für die Kaminverseilung werden vorsichtig in Rohr und Plastikring gebohrt.

Fristen und Wartung

Zur Erhaltung der Einsatzfähigkeit bedurfte es nicht nur der Betriebsstoffe, sondern auch einer regelmäßigen Nachschau und Instandhaltung der Loks: den Fristarbeiten.

Vor allem in den großen Maßstäben können Werkstätten sehr realistisch ausgestaltet werden.

Hauptaufgabe der Bahnbetriebswerke war bekanntlich nicht das Abstellen, sondern das Unterhalten der Loks. Neben der ausreichenden Versorgung mit Betriebsstoffen wie Wasser, Kohle und Öl zählte dazu auch die regelmäßige Wartung sowie die Erledigung fälliger Reparaturen im Rahmen der sogenannten Fristarbeiten.

Dazu gehörten unter anderem das Ausblasen der Rauchrohre, das Auswaschen des Lokomotivkessels von Rückständen wie Kalk und Schlamm sowie die Prüfung der Radsätze auf Schäden und Abnutzungen an den Radreifen. Traten solche auf, mussten die Radsätze getauscht werden. Dies erfolgte mit Achssenken, weil damit das Anheben der ganzen Lok zum Ausbau nur eines Radsatzes entfiel und die Arbeiten schneller und mit weniger Aufwand erledigt werden konnten.

Art und Umfang der jeweiligen Ausrüstungen waren abhängig von der Zahl der zu betreuenden Loks und damit von Bw zu Bw verschieden. Große Bahnbetriebswerke hatten noch weitere Fahrzeuge in ihren Außenstellen zu betreuen. Für einfache Fristenarbeiten brauchten sie nicht extra ins Mutter-Bw gefahren werden, doch zum Ausblasen oder zum Radsatzwechsel gab es nur im Heimat-Bw die nötigen maschinellen Anlagen und Werkzeuge.

Untergebracht waren die meisten Anlagen im Bereich des Werkstattschuppens. Dieser umfasste bis zu 50 Prozent des regulären Lokschuppens. In einigen Fällen exis-

Zu den regelmäßigen Wartungsarbeiten gehört auch das Wechseln der Rauchrohre, hier an 79 1001 im Jahre 1957 im Bahnbetriebswerk Halle P.

0441
0474

Herausragendes Merkmal der Werkstätten oder entsprechender Schuppenstände ist die üppige Ausstattung mit Werkzeugen, Arbeitstischen sowie Hubanlagen und Kränen.

tierten für einzelne Aufgaben unter Umständen auch separate Schuppen. So befand sich im Ringschuppen von Halberstadt keine Achssenke; diese war vielmehr in einem eigenen Rechteckschuppen unmittelbar daneben untergebracht.

Einen Teil der regelmäßig anfallenden Arbeiten erledigte das Lokpersonal auch fast ohne technischen Aufwand, nämlich die Inspektion der Lok zu Dienstbeginn und am Schichtende. Neben einer Untersuchungsgrube war dazu nur ein Schlosserhammer und eventuell ein Schraubenschlüssel zum Einstellen des Bremsgestänges nötig. Mit dem Klang durch das Hammerklopfen erkannte ein erfahrener Lokführer genau die Schwachstelle am Gestänge oder am Radreifen. Währenddessen schmierte der Heizer die Lagerstellen ab und ergänzte die Ölvorräte.

Arbeiten wie das Tauschen von Pumpen oder Stangen machten wegen des Eigengewichtes der jeweiligen Teile im Regelfall den Einsatz von (mobilen) Bockkränen erforderlich. Solche konnten sich bei entsprechender Bauform im Schuppen befinden, oder sie überspannten ein oder zwei Freigleise.

Das Materiallager

Für die Instandhaltungsaufgaben an Fahrzeugen und Gebäuden eines Bahnbetriebswerkes wurden die verschiedensten Materialien, Ersatzteile und Flüssigkeiten benötigt. Dazu gehörten etwa Flach- und Rundstähle, Rohre und Bleche sowie Luft- und Speisepumpen, Bremsklötze und Armaturen- und Beleuchtungsteile, aber auch Öle, Fette und Reinigungsmittel.

Materialien und Ersatzteile waren in den Magazinen übersichtlich in Regalen gelagert. Die Lagerräume befanden sich zumeist in der Nähe der Werkstatt. Große Ersatzteile verweilten schon mal für kürzere Zeit im Freien, so z. B. Radsätze.

Größere Mengen an Schmierstoffen und feuergefährlichen Flüssigkeiten brachte man aus Sicherheitsgründen in separaten Gebäuden unter. In kleineren Bw genügte dafür auch mal eine einfache Überdachung, um die Fässer vor Sonne und Regen zu schützen.

Die Heranschaffung der neuen Teile, aber auch der Abtransport der Schrottteile erfolgte früher mit der Bahn. Deshalb führte zu den Lagerstätten immer ein Gleis, von dem aus die Güterwagen entweder über eine Rampe oder mit einem Bockkran be- und entladen wurden. Altmetalle sammelte man zur Dampflokzeit in einem Schrottbansen. War genug Material vorhanden, wurde es der Wiederverwertung zugeführt. Defekte, aber noch brauchbare Tauschteile sammelte man separat. Sie kamen zur Aufarbeitung in das jeweilige Ausbesserungswerk. Eine Recyclingwirtschaft mit getrennter Materialsammlung, wie sie heute Standard ist, war zur damaligen Zeit unbekannt.

Umsetzung ins Modell

Einige Fristarbeiten, beispielsweise das Ausblasen oder der Tausch von Pumpen mittels Bockkran, können dank verschiedener erhältlicher Groß- und Kleinserienbausätze gut nachempfunden werden. Zu be-

Zu den wichtigsten Reinigungsarbeiten an den Dampfloks zählt das Ausblasen der Rauchrohre mit einem Rohrblasgerüst, um eine optimale Zufuhr von Verbrennungsluft sicherstellen zu können (Modell Klier).

Gerade in kleinen Betriebswerken werden etliche Wartungs- und Reparaturarbeiten regelmäßig im Freien ausgeführt, etwa Schweißungen an der Rauchkammer oder Arbeiten am Dampfdom und Regler.

Manche Schmierstoffe lagern in Fässern einfach im Freien.

Das Öllager (Kibri) befindet sich aus Brandschutzgründen zumeist außerhalb des Lokschuppens.

Zum Umschlag schwerer Teile wie der Gasflaschenträger ist ein einfacher Bockkran (Faller) hilfreich.

achten ist lediglich, dass zum Ausblasstand auch eine leistungsfähige Versorgung mit Druckluft gehört, im Modell einzig durch im Freien senkrecht an der Lokschuppenwand stehende Druckbehälter erkennbar. Deshalb befinden sich diese Anlagen meist unmittelbar neben oder hinter dem Lokschuppen. Einen vorbildgerechten Kessel im Modell mit entsprechenden Zuleitungen muss man allerdings selbst bauen.

Die Anlage von Achssenken bedarf ebenfalls einiger Bastelarbeiten, da geeignete Bausätze bislang nicht erhältlich sind. Oft genügt jedoch die bloße Andeutung der Grube mit der kurzen Gleisbrücke innerhalb des Lokschuppens, weil sich diese Anlagen regelmäßig schlecht einsehbar im Inneren befinden. Dafür sollte man nahe der Werkstatt einzelne Radsätze auf einem Stumpfgleis aufreihen, ganz wie es beim Vorbild noch heute in recht vielen Werkstätten üblich ist.

Modellangebot

Die Auswahl an Ausrüstungsgegenständen für die Werkstätten der Bahnbetriebswerke ist zwar nicht üppig, aber wichtige Teile wie verschieden große Bockkräne, Ausblasgerüste oder auch Hubanlagen sind sowohl bei den Großserienherstellern (Auhagen, Faller, Kibri, Vollmer) als auch in Kleinserie (Weinert, Spieth) in den üblichen Nenngrößen zu beziehen.

Ausschmückungsdetails wie voll ausgestattete Werkbänke sind bislang überwiegend in Kleinserie zu finden, dafür aber von verschiedenen Anbietern (MO-Miniatur, Krauthauser u. a.).

Passende Figuren, teils mit entsprechenden Werkzeugen, finden sich im stets wachsenden Sortiment von Preiser und Merten, wenn auch nicht alle in typischer Bahnbekleidung ihre Arbeit verrichten.

Stets lagern neue Ersatzräder in großen Bw geschützt innerhalb der Werkstatthallen, während die ausgetauschten und aufzuarbeitenden Altkomponenten im Freien abgestellt sind.

Die Heizschläuche lagern sommers von den Loks zwecks Bewegungsfreiheit der Kuppler abgebaut auf eigenen Böcken, während der Schrott bis zum Abtransport schlicht ebenerdig abgelegt wird.

Radsatzwagen

Radsatzwagen dienen zum Transport von Tauschteilen wie Radsätzen aber auch Motoren oder Getrieben zwischen Hersteller, Ausbesserungswerk und einbauendem Bahnbetriebswerk. Dafür kommen zweiachsige Flach- oder umgebaute Behältertragwagen zum Einsatz. Entsprechende (H0-) Modelle haben Fleischmann und Liliput im Angebot. Allen gemeinsam ist die Beladung mit Dampflok-Radsätzen, die auf einem Ladegestell ruhen. Vor Jahren hatte Spieth einen vorbildgerechten Umbausatz aus Messinggussteilen zur Herrichtung eines Fleischmann-BTmms55 für Wagenradsätze im Programm, den man vereinzelt noch auf Börsen findet.

Nebengebäude

Das Bw-Personal benötigt soziale Einrichtungen wie auch Büroräume. Und im Winter sollte es in den Räumen warm sein, entsprechende Heizanlagen waren erforderlich.

Die Unterbringung der Verwaltung in den unteren Stockwerken und des Wasserbehälters im oberen Stockwerk des Schuppenanbaus ersparte ein weiteres Bw-Gebäude (Faller).

Viele Eisenbahnfreunde schenken wichtigen Gebäuden innerhalb eines Bahnbetriebwerkes keine Beachtung: den Sozialbauten und Materiallagern. Ihre Nachbildung wird in vielen Modell-Bw vernachlässigt. Tatsächlich gehören diese baulichen Einrichtungen notwendigerweise genauso zur Ausstattung wie der Lokschuppen oder die Bekohlungsanlage.

In vielen Verwaltungsgebäuden befindet sich nicht nur die notwendige Bürokratie – das Leiten eines größeren Bahnbetriebwerkes benötigt eine umfassende, durchorganisierte Logistik –, sondern dort sind auch die Umkleide- und Übernachtungsräume für das Lokpersonal. Auch die Lokleitung kann sich hier wiederfinden, ist aber genauso oft in separaten Gebäuden nahe der Drehscheibe des Lokschuppens untergebracht. Die Umkleide- und Waschräume für das Werkstattpersonal befinden sich nahe der Werkstatt, die Kantine nebst Küche dagegen im Hauptgebäude. Auch eine Lehrlingswerkstatt darf in mittelgroßen und großen Bw nicht fehlen.

Zu den weiteren sozialen Einrichtungen gehören Aufenhaltsräume für das Ausschlack- und Bekohlungspersonal, besonders wichtig an Regen- und kalten Wintertagen. Auch der liebevoll gepflegte Garten für gemeinschaftsfördernde Grillfeiern im Sommer darf an dieser Stelle nicht vergessen werden.

Werden die Tage kühler, benötigt jedes Bw eine Heizanlage. Nicht nur die Sozialräume wollen warm sein, vor allem die Lokschuppen benötigen viel Heizleistung.

Etliche Bw bei der DR wie auch einige der DB nutzten zu Heizzwecken ausgemusterte und oft dafür umgebaute Dampfloks. Manche, wie diese 41 in Oebisfelde, taten bis Anfang der 1990er-Jahre ihren Dienst.

Betriebsgelände
Zugang nur für
Bahnbedienstete

Wichtigstes Nebengebäude im Bw ist wohl die Lokleitung.

Unten: Oft umfasst der teils mit Schuppen erweiterte Bau Büros, Umkleide- und Übernachtungsräume sowie die kleine Kantine.

In Groß-Bw erreichten die Verwaltungsbauten beachtliche Ausmaße (Anhalter Bahnhof Berlin).

Die Arbeiter für Bekohlung und Ausschlackanlage benötigen ein Plätzchen für kleine Pausen.

Manche zur Dampflokzeit liebevoll angelegte Bw-Anlage hat bis heute überlebt und erinnert mit Signal und Radsatz an alte Tage.

Kohlegefeuerte Heizanlagen waren im Dampflok-Bw Alltag, Ölanlagen traf man erst ab Epoche IV und bevorzugt im Westen an. Große Bahnbetriebswerke hatten teils eigene Heizwerke mit Kohlebansen, der manchmal mit dem Lagerplatz für Lokkohle kombiniert war. Dann konnte der Bekohlungskran auch das Kraftwerk bedienen.

Typisch für die DDR und für die frühe Zeit der DB waren zahlreiche ausgemusterten Dampfloks, die zu Heizanlagen umfunktioniert wurden. Oft der Kuppelstangen und Pumpen beraubt, waren sie nicht mehr fahrfähig. Der Tender wurde dann von einer Rangierlok zur Bekohlung gefahren, um dort mit neuen Vorräten und Wasser beladen zu werden. Manche Lok konnte jedoch noch selbst zur Behandlungsanlage gelangen.

Modellangebot

Für Lokstationen und Bahnbetriebswerke jeder Größe gibt es in ausreichendem Maße Bausätze und Fertigmodelle von Gebäuden und technischen Einrichtungen, die alle unmittelbar mit den Lokomotiven zu tun haben. Aber bis heute fehlen glaubwürdige Verwaltungsbauten für größere Bahnbetriebswerke.

Die Lokleitung mit Ziegelmauerwerk von Auhagen reicht nur für kleinere Anlagen, dafür gibt es einen gut passenden Schuppen für Öl und weitere Kleinteile gleich mit. Werkstätten jeglicher Art, Magazine und einfache Lagerhäuser fehlen, ebenso glaubwürdige Heiz- und Kompressorenhäuser nebst hochstehendem Druckluftkessel. Heizlokanlagen, typisch sowohl für die DR in der DDR als auch die frühe Bundesbahn, sind Mangelware, von einem Märklin-Modell abgesehen.

Ausgemusterte Loks (Roco und Revell) liefern heißes Wasser für Duschen und Heizkörper. Die nötige Kohle liegt im verfahrbaren Tender, der Qualm wird über einen Schornstein mit Gebläse abgeführt.

Einige große Dampflok-Bw verfügten über ein eigenes Heizkraftwerk (Kibri) samt eigenem Kohlelager mit Gleisanschluss.

Moderne Traktionen

Diesel und Elektroloks benötigen ein anderes Bw-Umfeld als Dampflokomotiven. Dennoch wandelte sich das Bild vom klassischen zum modernen Betriebswerk nur langsam.

Bundesbahn-Modernität der 1960er-Jahre: helle, große Fenster und Kachelverblendungen am neuen Schuppen (Vollmer) für Elektroloks, die ihren Zugang mittels Schiebebühne (Märklin) finden.

Mit dem Einzug der Diesel- und E-Traktionen in die Bahnbetriebswerke veränderten sich die dortigen baulichen Anlagen zunächst nur langsam. Bereits seit Ende der 1920er-Jahre erweiterten einige Bw ihre Schuppen um separate Stände für Triebwagen oder auch Kleinloks des Rangierdienstes. Oft entstanden in Nachbarschaft der Ringschuppen für Dampfloks langgestreckte Triebwagenschuppen in Rechteckform. Die notwendigen und seinerzeit noch kleinen Dieseltankstellen brachte man zunächst im Schuppen selbst oder einem seitlichen Anbau unter.

Erst mit dem verstärkten Traktionswechsel ab der zweiten Hälfte der 1950er-Jahre bei der Deutschen Bundesbahn und ab den 1960er-Jahren bei der Deutschen Reichsbahn wurde es üblich, große Treibstofftanks im äußeren Bereich der Kohlebansen aufzustellen, die dafür extra von der Kohle geräumt und entsprechend abgetrennt wurden. Dieses war etwa im Bw Schwerte so und lässt sich auch im Modell recht einfach umsetzen. Aber auch separate Dieseltankstellen mit liegenden oder versenkten Tanks ließ man in der Nähe der Dieselfahrzeugschuppen errichten.

Am vorhandenen Besandungsturm der Dampflok-Behandlungsanlage wurden auch die modernen Diesel- und Elektrofahrzeuge mit Bremssand versorgt, doch ging man dazu über, kleine Fahrzeuge wieder im Schuppen mit Sand zu versorgen, zumal die Sandbehälter nahe der Antriebsräder befestigt und bequem zu erreichen waren.

Als Mitte der 1950er-Jahre die V200 sowie VT 11.5 das Laufen lernten, benötigte die DB neue Tankstellen.

Oft wurde im Zuge des Traktionswechsels der Kohlebansen verkürzt und stattdessen ein Tank nebst Zapfsäulen installiert. Eine einfache Überdachung schützte notdürftig vor den Witterungsunbilden.

Ein einfacher Dieselbehälter in einer Betonwanne genügte oft den Betriebserfordernissen schmalspuriger Bahnen.

Schon früh rationalisierten Hochbehälter (Faller) den Tankbetrieb.

Für kleinere Einsatzstellen genügt eine solche Tankanlage vollauf allen Erfordernissen (Addi).

Für größere Bw ist diese Kombination ausgelegt (Addi).

Rechts: Ein versenkter Kraftstofftank (Brawa) und die Auffangwanne waren in den 1960er-Jahren fortschrittlich.

In Bahnbetriebswerken mit vielen Dieselloks sind die Tankanlagen für Diesel (Faller) und die Schwerölhochtanks (Kibri) großzügig ausgelegt.

Komplette Bw-Neubauten für die modernen Traktionsarten waren bis Ende der 1960er-Jahre eher selten, im Regelfall passte man vorhandene Anlagen aus der Dampflokzeit den neuen Erfordernissen baulich und technisch an. Bei Ringlokschuppen geringer Bauhöhe hob man bespielsweise die Hallendächer des Werkstattbereichs an, damit Motoren oder Trafos im Rahmen der Unterhaltung mittels neu installierter Laufkräne aus den Lokomotiven oder Triebwagen ausgebaut werden konnten. Eignete sich der alte Schuppen nicht mehr für die neuen Erfordernisse oder war der Umbau wirtschaftlich nicht gerechtfertigt, riss man ihn ab und ersetzte ihn durch einen Neubau. Bekannte Beispiele dafür sind die Teilneubauten in Bautzen oder auch

Eine sehr moderne Dieseltankstelle der Deutschen Bahn hat Auhagen im Programm.

Auhagens zweiständiger Lokschuppen lässt sich verlängert ab der Epoche II für Triebwagen benutzen.

Mit einem neuen Glasdach passte die DB AG einen Schuppen des Bw Leipzig-West ihren Erfordernissen an (Foto: 2000).

Im Bw Güsten wird das Motoröl der V200 082 nach einer Instandsetzung mit einem externen Heizgerät vorgewärmt (Foto: 1968).

der große, 1972 modernisierte Ringlokschuppen mit hohem Werkstattneubau mit viel Glas im Bahnbetriebswerk Saalfeld.

Die Rauchabzüge der Dampflokomotiven waren in den dampffreien Lokschuppen weitgehend überflüssig geworden, man montierte sie ab oder baute sie um, um Dieselqualm und schädliche Abgase der Großdiesellokomotiven ins Freie zu leiten. Oft stimmte aber die Position der erforderlichen neuen Rauchabzüge nicht mit den auf den Dieselloks mehrheitlich mittig vorhandenen Auspuffanlagen überein. In diesen Fällen kam man um die Neuanschaffung von Rauchabzügen nicht umhin. Sie fielen jedoch deutlich schlanker aus.

Auf die Drehscheibe konnte man in einem historisch gewachsenen Bw mit moderner Traktion nicht verzichten, war sie doch immer noch der einzige Zugang zum weiterhin genutzten Ringschuppen. Bei

In den 1970er-Jahren erhielt das Bw Magdeburg Hbf einen neuen Wartungsschuppen mit teils abgesenktem Fußboden zur leichteren Wartung der Fahrwerke.

Neubauten werden für die moderne Traktion wegen entbehrlicher Drehscheiben ausnahmslos als Rechteckschuppen ausgeführt (Vollmer).

kompletten Neubauten zog man jedoch einen breiten Rechteckschuppen, manchmal kombiniert mit innen liegender Schiebebühne, dem Ringlokschuppen mit Drehscheibe vor. So sparte man Grundstücksfläche und das Wenden von Diesel- oder Elloks war ohnehin nicht nötig, da die Triebfahrzeuge in beide Richtungen gleich schnell fahren können. Durchaus geläufig war auch eine vor dem Rechteckschuppen im Freien installierte Schiebebühne wie etwa in Hamm oder Dresden-Altstadt. Große Schuppenanlagen hatten so auf einer Zufahrtsseite eine Schiebebühne, auf der anderen Lokschuppenseite erreichte man die Hallengleise über Weichen.

Zum Bewegen vor allem der Elloks im Bw außerhalb der mit einer Fahrleitung überspannten Bereiche dienten zunächst Akku- oder Dieselschlepploks, da eine komplette Überspannung der meisten Gleise wegen des parallelen Dampfbetrie-

Der Inbegriff eines modernen Bw ist die Schiebebühne (Märklin) als raumsparender Zugang zum Lokschuppen. Eine Drehscheibe fehlt, denn Diesel- und Elektrolokomotiven benötigen im Gegensatz zu den Dampfloks mit Schlepptender keine Wendedrehscheibe mehr.

Der schlichte Lokschuppen des Bw Flensburg mit innerer Kranbahn ist ein typischer Vertreter der Epoche IV und stand wohl Pate für das Faller-Modell (oben).

bes und der dort nötigen Begehbarkeit des Lokkessels nicht möglich war. Nur bei einer hinreichend großen Zahl beheimateter Elloks elektrifizierten die Staatsbahnen auch die meisten Bw-Gleisanlagen.

Am markantesten sind in diesem Zusammenhang die sogenannten Spinnen über den Drehscheiben, mit deren Hilfe die Elektrolokomotiven nun aus eigener Kraft in den Schuppen fahren konnten. Beim Drehen der Bühne blieb die Lok jedoch abgebügelt. Gleiches galt auch für die Schiebebühne.

Die in den 1930er-Jahren aufkommenden Triebzüge benötigen jedoch wegen ihrer Länge stets ihre eigenen Unterkünfte. Lange Triebwagenschuppen, manche nur aus Holz wie im Bw Düsseldorf-Abstellbahnhof oder Leipzig Hbf, errichtete man mit langen U-Gruben in einem separaten Teil des Bw-Geländes oder im angrenzenden Bahnhofsvorfeld neu.

Mit dem Aufkommen der langen ICE in den 1990er-Jahren wurden schließlich völlig neue, hochmoderne und noch längere Triebwagenschuppen erforderlich, wie beispielsweise in Hamburg-Eidelstedt oder Berlin-Gesundbrunnen. Deren Gleise verlaufen zur besseren Zugänglichkeit der Fahrzeuge im Schuppeninneren aufgeständert.

Eigens für die Wartung der um Halle (Saale) eingesetzten Elektroloks wurde bereits 1914 der Rechteckschuppen im dortigen Bw P errichtet. Weil die Fahrleitung jedoch vor den Toren endete, verdiente sich eine 74er dort das Gnadenbrot im Verschub.

Die hohen Tore machen diesen Lokschuppen (Kibri) tauglich für den Elektrolokbetrieb.

Modellangebot

Moderne Bahnbetriebswerke ab der späten Epoche IV sind nicht das klassische Bw-Motiv. Entsprechend gering ist das Modellangebot sowohl bei den technischen wie auch den baulichen Anlagen. Gerade einmal zwei Schiebebühnen modernerer Prägung gibt es von Brawa und Märklin in H0. Erstere entspricht einem Bundesbahn-Typ der 1950er-Jahre, und Letztere ist eigentlich von ihrer Konstruktion her eher eine Wagenbühne.

Zwei- und dreigleisige, für moderne Bw geeignete Rechteckschuppen finden sich im Programm von Kibri, Faller, Vollmer und Piko. Allerdings entsprechen deren Höhen nur bedingt den aktuellen Vorbildern. Breite Großschuppen mit vier und mehr Lokständen muss man sich dagegen komplett selbst bauen, ebenso lange Triebwagenschuppen. Diese wiederum lassen sich in einigen Fällen aber durch Kombination mehrerer Rechteckschuppen hintereinander erstellen.

Dieseltankstellen dagegen werden mittlerweile in den verschiedensten Ausführungen der Epochen II bis V und in fast allen Größen und Materialien angeboten.

Modell-Betriebswerke gestalten

Das Umfeld eines Lokbehandlungsplatzes strotzt vor Schmutz. Doch es gibt in einem Bw auch sehr gepflegte Bereiche, die liegen aber meist im Umfeld der Verwaltung.

Bei Dioramen der Spur 1 sind Werkzeuge, die beiläufig liegen geblieben sind, der Blickfang schlechthin.

In jedem Kohlelager beherrscht der Brennstoff in unterschiedlicher Körnung die Szenerie.

Viele schöne Bildbeispiele in diesem Buch haben gezeigt, dass man auch im Maßstab 1:87 oder kleiner perfekt gestaltete Bahnbetriebswerke hinbekommt. Das Zusammenbauen und Kombinieren der Bausätze allein bewirkt aber ein solches Ergebnis nicht. Erst in Verbindung mit den richtigen Dekorationsmaterialien und einem geschulten Gefühl für Farben schafft man Modellnachbildungen in einer Perfektion, die ihresgleichen sucht.

Zu Beginn einer Bw-Gestaltung steht zuerst die Planung an. Schnell stößt man an seine räumlichen Grenzen bei kleiner Anlagenfläche, daher sollte man von vornherein eher kleine Brötchen backen. Eine kleine Lokstation mit einfachem Lokbehandlungsplatz kann bei richtiger Gestaltung genauso viel Atmosphäre ausstrahlen wie ein größeres Bw.

Hilfreich ist es, wenn man die Planung mit den bereits vorhandenen Gebäuden auf einem Papierbogen in 1:1 ausführt. Schnell bekommt man einen Überblick über den benötigten Platz, kann hier und da durch geschicktes Zusammenschieben verschiedener Bauwerke noch Platz gewinnen. Die Bekohlungspositionen der Lokomotiven, der Schwenkbereich und die Position der Wasserkräne werden mithilfe von hingestellten Lokmodellen genauso sicher ermittelt wie die glaubwürdige Dimensionierung des Kohlebansens.

DB
91 1575

Im Bansen des Bw Halle G lagerten Mitte der 1950er-Jahre große Mengen verschiedenster Kohle- und Brikettsorten.

Ein gewöhnlicher Kohlebansen benötigt viel Platz. Seine Planung will deshalb wohl durchdacht werden.

Rund um den Bekohlungsplatz findet sich feinster Kohlestaub durch Abrieb am Boden und den Anlagen wieder.

Kohlehalden sollten nicht mit zu gleichmäßiger Kohle bestreut werden, dies wirkt schnell monoton

Verschiedene Sorten lagern nebeneinander. Der Greiferkran hat bereits etwas abgetragen.

Im Sommer 1990 wurde der Engelsdorfer Kohlebansen noch für Heizloks genutzt. Der Zustand des aus einer Kombination von Beton- und Holzwänden errichteten Bauwerks für verschiedene Kohlesorten war jedoch mehr als desolat.

Kohlelager

Innerhalb des Lagers ruhten beim Vorbild große Mengen an Kohle. Die Bansen wurden, oft mit Zwischenwänden, in Bereiche unterteilt, in denen verschiedene Kohlesorten lagerten. Die hochwertige Kohle war für Schnellzuglokomotiven gedacht, die normale für allgemeine Leistungen und minderwertige Kohle für Rangierlokomotiven. Oft lagen auch Briketts im Lager und waren zu Länderbahnzeiten fein säuberlich gestapelt.

Im Modell sollten die unterschiedlichen Kohlesorten auch sichtbar sein. Die Grundform der Berge modelliert man aus Styrodur- oder Styroporblöcken mit einem scharfen Messer und einer Raspel. Während einige Bereiche des Bansen gut gefüllt sind und die Berge entsprechend hoch ausfallen, sind andere Ecken teils geräumt worden. Auch sieht ein gerade vom Greifer im Kohleberg hinterlassener Krater durchaus abwechslungsreich aus.

Die später aufzustreuende Kohle muss bei der Höhe der Berge mit berücksichtigt werden, damit sie nicht über die Bansenwände quillt. Mit Gips oder Sand verfüllt man die feinen Spalten zwischen Mauer und eingesetztem Bergstreifen. Geklebt wird mit wasserfest aushärtendem Weißleim.

Nach dem Bemalen der nackten Kohleberge mit mattschwarzer Plaka-Farbe und der Alterung der Bansenwände können die Berge mit verschiedenen Kohlesorten bestreut werden. Anthrazit- und Braunkohle ergeben ein total unterschiedliches Bild, auch nach dem Kleben. Wäh-

Kohlesorten

Im Bahnbetriebswerk kamen die unterschiedlichsten Kohlesorten als Lokomotivbrennstoff zum Einsatz. Damit die Dampfloks ihre volle Leistung entfalten konnten, musste der Brennwert entsprechend hoch sein. Aufgrund der Vorkommen wurde bei der DB größtenteils hochwertige Anthrazitkohle verfeuert, während bei der DR-Ost auch Braunkohle zum Einsatz kam. In Epoche I und auch später nutzte man zudem Kohlebriketts, die im Lager gestapelt wurden. Für die Nachbildung von Modell-Kohlelagern wird folgendes Material benötigt:

- Anthrazit, Braun- und Eierkohle
- Mörser oder alte Kaffemühle
- feine, unterschiedliche Siebe
- verdünnter Weißleim

Am Beispiel der schmalspurigen Einsatzstelle Freital-Hainsberg im Zustand von 1997 erkennt man gut die im Laufe der Zeit durch Ruß, Schlacke und Wasser veränderten Flächen an den Behandlungsgleisen. Schotter und Schwellen sind nur noch an den Weichen gut erkennbar.

Mit stark verdünnter dunkler Dispersionsfarbe färbt man den verklebten Sand rund um die Bekohlung ein.

Im Kohlelager verstreut man feingeriebenen Kohlenstaub und drückt ihn an der Schieneninnenseite an.

Auch der Löscheplatz erhält eine dünne Schicht feinster Kohle. Werkzeuge können hier am Boden liegen.

rend die Bruchkanten der Anthrazitkohle weiterhin leicht glänzen, wirkt die Braunkohle mattschwarz, obwohl sie eigentlich dunkelbraun erscheinen müsste. Die unterschiedliche Körnung wird mit entsprechenden Sieben herausgefiltert. Kohlestücke durften beim Vorbild maximal nur so groß sein wie ein Spielball, in der Regel waren sie aber kleiner und unterschiedlich groß. Bevor man die ausgesiebte Kohle aufstreut, bepinselt man die schwarzen Berge mit Weißleim. Auf diese Weise bleiben die unteren Kohlebrocken schon beim Aufstreuen haften. Mit der Hand modelliert man die bestreuten Kohlehaufen gegebenenfalls nach.

Anschließend sprüht man dezent Wasser, dem etwas Spülmittel beigegeben wurde, mit einem feinen Bestäuber auf die noch lose Kohle. Nun kann man verdünnten Weißleim auf die Kohleberge träufeln. Nach dem Trocknen wird ein zweites Mal der Kleber aufgetragen, um eine ausreichende Haftung der Kohle auch bei einer späteren Staubsaugerreinigung zu erhalten.

Brikettstapel lassen sich leicht mit käuflich angebotenen Nachbildungen von Ziegelstapeln nachbilden. Die Stapel werden mattschwarz angemalt und zu Gruppen innerhalb der Bansen zusammengesetzt. Da-

Die Gleise der schienengebundenen Hunte entstehen aus spurgerecht längs zersägten Z-Geisen.

Mit unterschiedlicher Sandkörnung und -färbung füllt man vorsichtig die Gleiszwischenräume auf.

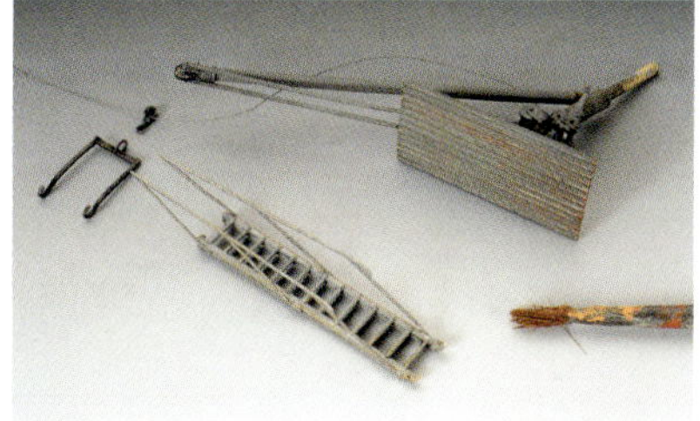

Das Weinert-Modell des Kohlekrans erhält mit etwas Farbe die unverzichtbare Rost- und Rußpatina.

bei lehnt sich der Stapel mindestens an eine Bansenmauer, besser aber an zwei oder eine entsprechende zusätzliche Stütze aus Bohlen.

Noch vorbildgetreuer ist das Stapeln maßstäblicher Briketts, wie sie von Kotol oder modellbahn kreativ angeboten werden. Diese Arbeit erfordert allerdings neben dem Zeitaufwand auch reichlich Fingerspitzengefühl und eine sehr gute, verwindungsfreie Spitzpinzette.

Von oben erkennt man deutlich die unterschiedlichen Arbeitsplätze. Im Bereich der Bekohlung ist es dunkel, am Wasserkran feucht und am Ausschlackplatz schimmert es grau.

Detailgestaltung von Kohlebansen

Die Wände eines einfachen Bansen zur Lagerung von Lokomotivkohle in kleinen oder auch mittleren Bahnbetriebswerken bildet man recht leicht aus dunkel gebeizten Holzschwellen (Streich- oder Bastelhölzer, alternativ Leisten 1 x 2 mm) nach, deren Kanten mit einem Messer zuvor unregelmäßig angeschabt werden. Die Länge dieser Kanthölzer entspricht ungefähr der einer Gleisschwelle. Dann schiebt man die Schwellen in ein entsprechend dimensioniertes H-Profil oder entsprechende Reste von Schienenprofilen. Im letzten Fall sollten jedoch die Schienenfüße nach außen zeigen. In den Boden gesteckt, sollte sich eine Wandhöhe mit Profilstütze von etwa 3 bis 3,5 cm ergeben.

Als Bansenwände können auch Betonplatten oder selbst gemauerte Abgrenzungen dienen. Verschmutzt sind sie im Innenraum durch Kohlenstaub. Feste Mauern hatten beim Vorbild in gewissen Abständen schwellenbreite Durchlässe, um gelegentlich ins Banseninnere gelangen zu können.

Zigarettenasche findet zur Darstellung ausgeglühter Verbrennungsrückstände am Ausschlackplatz Verwendung.

Alternativ benutzt man echte, zerriebene Lokschlacke.

Zur Schlussgestaltung gehört dezentes Beflocken des Lokbehandlungsplatzes.

Anhand des Beispiels Putbus (2004) wird die Vielschichtigkeit einer kleinen Grube zwischen den Gleisen deutlich. Der Rauch wäre im Modell optional.

Verdünnter, glänzender Klarlack wird mehrmals auf die Stellen aufgetragen, an denen man Feuchtigkeit und Pfützen darstellen möchte.

Ausschlackstellen

Überhaupt ist das Bw-Umfeld von Schmutz rund um die Behandlungsanlagen geprägt. Selbst der Bereich zwischen den Schienen des Ausfahrgleises ist im Laufe der Zeit mit einer leicht schmierigen Schicht überzogen, die von Wasser und Ölspritzern der Dampfloktriebwerke stammt. Wer ein solch authentisches Umfeld nachbilden möchte, dem stehen verschiedene Materialien zur Verfügung. Wasserpfützen bildet man mit glänzendem Klarlack nach, Ölspuren neben den Gleisen mit seidenmattschwarzem. Rund um den Bekohlungsplatz und innerhalb des Kohlebansens liegen schwarzer Kohlenstaub und einzelne Kohlebrocken auf dem Boden. Der Ausschlackplatz ist schmutziggrau und feucht, während die Bereiche unmittelbar rund um Sandturm und Sandlagerplatz eher von losem, hellem Sand bedeckt sind. Das Gleisvorfeld der großen Ringlokschuppen kann entweder mit Schotter gestaltet sein, oder die Gleiszwischenräume erhalten eine Sandschicht, wie sie beim Vorbild der besseren Begehbarkeit wegen anzutreffen war. Hier ist das Gleisumfeld deutlich sauberer.

Der Natur sollte man auf der Modellbahn im direkten Bereich der Dampflokanlagen keine Chance geben. Auch wenn es reizt, in jeder Ecke und zwischen den Gleisen Modellrasen und Büsche zu pflanzen, in den Bahnbetriebswerken des großen Vorbilds wurde dagegen das Unkraut regelmäßig bekämpft. Einzig Abstellgleise am Rande der Bw-Anlage konnten vom Unkraut erobert worden sein. Dagegen waren die Bereiche hinter dem Lokschuppen und rund um das Verwaltungsgebäude bestens gepflegt und der Rasen stets gemäht.

Auf den Lokbehandlungsplatz zurückgekehrt, wird nun die Lösche aus Kohlenstaub nachgebildet. Nicht nur in der Grube befindet sich das feine Material, auch am Boden des Arbeitsplatzes im Bereich der Rauchkammer streut man zwischen und neben die Gleise das Material. Fixiert wird die feine Kohle mit Weißleim oder Mattlack. Doch zuvor muss das Material befeuchtet werden, da sonst der Kleber beim Drauftraufeln sofort runde Tropfen bildet. Auch sollte die Schicht nicht zu dick sein, da der Klebstoff nicht in die unteren Schichten gelangen und eine feste Verbindung mit dem Sanduntergrund aufnehmen kann.

Die tiefen Schlackensümpfe waren stets mit Wasser bis mindestens zur Unterkante der Schrägen gefüllt, oft sogar darüber hinaus. Da das Wasser durch die hineinglei-

Die neben den Gleisen lagernde Schlacke der Heizlok des Bw Wustermark war 1990 kaum von der dahinter liegenden Lokkohle unterscheidbar. Den Tender füllten abwechselnd Kran oder Förderband.

Rund um den Schlackensumpf finden sich Reste von Asche und Schlacke.

Rechts: Rund um die Ausschlackanlage besaßen die Gleise Untersuchungsgruben mit befestigten Seitenstreifen zur Fahrwerksnachschau und teils zum Öffnen des Aschkastens der Dampfloks.

Das Groß-Bw Halle G besaß eine zweigleise Ausschlackanlage der DRG-Einheitsbauart (1956)

tende Schlacke verschmutzt wurde, konnte man nicht auf den Grund sehen. Einzig wenn das Wasser wegen Wartung abgelassen wurde, konnte man den bedeckten Grubenboden erkennen. Das Schmutzwasser stellt man im Modell mit Gießharz dar. Dazu braucht nicht die ganze Grube mit Giesharz gefüllt zu sein. Ein Stück auf der Oberseite dunkelgrau bemalter Styrodurberg füllt mehr als die halbe Grube aus. Auf eine perfekte Alterung bis zur Styroduroberkante kann verzichtet werden.

Durch das leichte Einfärben des Gießharzes mit einem Gemisch aus graubrauner Kunstharzfarbe wird der Blick auf den Grund versperrt. Vor dem Einfüllen des nach Gebrauchsanweisung in einem Glas angemischten Gießharzes lässt man es ein paar Minuten stehen, damit die feinen Luftbläschen nach oben aufsteigen und entgasen. Da Gießharz durch eine chemische Reaktion aushärtet, entsteht Hitze, die dem Polystyrol gefährlich werden kann. Daher sollte niemals zu viel Harz auf einmal angemischt und eingefüllt werden, Teile könnten sich gegebenenfalls verformen. Lieber gießt man ein weiteres Mal das Harz in einer dünnen Schicht, bis die gewünschte Wasserhöhe erreicht ist.

Einen interessanten Einblick in die Grube erhält man, wenn man auf das Wasser verzichtet und eine Wartungssituation darstellt. Auf dem Grund kann man dann Schlackehaufen und Pfützen sehen. Die Schlackenreste imitiert man mit Zigarettenasche, die beim Beträufeln mit Mattlack oder Weißleimkleber deutlich nachdunkelt. Kleine Häufchen werden aus Styrodurresten vorgeformt und anschließend mit feinem Vogelsand bestreut. Dann befeuchtet man die wohlgeformten Sandhaufen mit einer feinen Wasserspritze.

Anschließend beträufelt man den feuchten Sand mit einem dünnflüssigen Wasserleim-Gemisch, das sofort darin verschwindet. Nach dem mehrstündigen Durchtrocknen verklebt man der höheren Festigkeit wegen ein weiteres Mal die zukünftigen Schlackehaufen.

Ist der Weißleim-Kleber erneut durchgetrocknet, bemalt man die kleinen Haufen im nächsten Arbeitsgang mit dunkelgrauer Wasserfarbe. Auf die noch feuchte Oberfläche streut man schließlich verschiedene Aschereste, die recht gut auf der Farbe haften bleiben. Später fixiert man eventuell noch lose Asche nach dezentem Befeuchten mit Weißleim oder alternativ mit einem verdünnten Mattlack. Der Einsatz von Sprühlack ist an dieser Stelle zumeist kontraproduktiv, da die Asche weggeblasen wird.

Wichtiger Bestandteil von Ausschlackanlagen sind Ständer für Schürgeräte.

Gestaltung des Umfeldes

Zum Ablöschen von Glutnestern, aber auch zur möglichen Brandbekämpfung, mehr allerdings noch zur Reinigung von Lokomotiven und Arbeitsplatz mittels Wasserstrahl fanden sich rund um die Lokbehandlungsanlagen zahlreiche Wasserentnahmestellen und einige Hydranten.

Bei den am häufigsten genutzten waren die Schläuche des raschen Zugriffs wegen dauerhaft angeschlossen, was man auch bei der Nachbildung im Modell berücksichtigen sollte. Als Material für die Schläuche dient dünner kunststoffummantelter Draht, vereinzelt auch Gummilitze. Ersterer hat den Vorteil, auch nach Jahren seine Form und Farbe zu erhalten. Hydranten bietet inzwischen der Chemnitzer Spezialist modellbahn kreativ.

Schlacke und Lösche.

Schlacke und Lösche als Rückstände der verbrannten Kohle waren in einem Bahnbetriebswerk allgegenwärtig. Deshalb sollten sie auch in keinem Modell-Bw fehlen. Der Zusammenbau einer Schlackengrube oder eines Schlackensumpfes aus einem Bausatz erfordert kein großes modellbauerisches Geschick. Auch ein einfacher Löschehaufen ist rasch erstellt. Zur Ausgestaltung empfehlen sich:

- Schürhakengestell (Weinert)
- Werkzeuge und Schaufeln (Weinert und MO-Miniatur)
- Zigarettenasche
- echte Lokschlacke
- Kohlenstaub
- matter und glänzender Klarlack
- Styrodur oder Styropor
- verschiedene Kunstharzfarben
- verdünntes Weißleimgemisch

Zum Ablöschen der glühenden Schlackenrückstände, aber auch zur Reinigung der Loks und des Arbeitsplatzes benötigte man im Bw Wasser. Anschlüsse für Schläuche befanden sich an Wasserkränen sowie separaten Hydranten.

Mit den vorgesehenen Komponenten (modellbahn kreativ) erfolgt eine Stellprobe der künftigen Pausenecke.

Der Beet-Unterbau entsteht aus einer aufgezogenen dünnen Schicht Reparaturspachtel aus dem Baumarkt.

Die Bepflanzung der Pausenecke im Schatten des Bansens erfolgt mit handelsüblichem Begrünungsmaterial. Eine Pinzette sowie ein kleiner Dorn dabei durchaus hilfreich.

Farbe ins triste Schwarz-Grau der Behandlungsanlagen bringen solche Grüninseln auch abseits der Verwaltung.

Eher den größeren Spurweiten vorbehalten ist die Ausstattung mit Werkzeugen wie Hämmer, Schraubenschlüssel oder Ölkännchen, die als Kleinserienerzeugnisse lieferbar sind. Aber bereits in H0 lohnen sich solche kleinen Details ebenfalls, denn Schaufeln, Mistgabeln und Besen, wie sie am Bekohlungsplatz vorzufinden sind, bieten etwa Preiser, MO-Miniatur und Weinert.

Verschiedene Gestelle für Schürhaken mit unterschiedlichen Messing-Kratzern bereichern jeden Ausschlackplatz. Ölkannen und verschiedene Werkzeuge wie beispielsweise Hämmer und große Maulschlüssel finden sich bei MO-Miniatur als Weißmetallnachbildungen und bei Preiser als Zubehör in Figurensets im Feuerwehr- oder Military-Sektor.

Gerade am Ausschlackplatz warnen Schilder vor dem Hineinfallen in offene, tiefe Schlammgruben. Passende Schilder kann man sich heute am PC selbst erstellen und mit einem feinen Tintenstrahl- oder besser noch Laserdrucker ausdrucken. Auch die Lokschuppentore erhalten Schilder mit den Lokstandnummern zur besseren Orientierung von Lokpersonal und Drehscheibenwärtern. Auch sollten Orientierungsschilder oder Verkehrsschilder nicht vergessen werden.

Grüne Inseln

In fast allen Bw fanden sich am Rande der Behandlungsanlagen kleine Ruheinseln in Form von Bänken. Je nach Engagement einzelner Bw-Mitarbeiter waren diese auch mehr oder minder aufwendig bepflanzt. Wie leicht sich eine solche Anlage im Modell nachgestalten lässt, ist in nebenstehender Bilderstrecke anschaulich dargestellt. Weitere Möglichkeiten bieten die zahlreichen Blumen von Busch. Belebend wirken zudem arrangierte Szenen, etwa bei einer Unterhaltung oder der gelegentlichen Fassadenreparatur.

Untersuchungsgruben für Wechselstromloks benötigen eine zusätzliche Fahrstromspeisung, so Fallers Messerleisten, die zusätzlich mit Draht verlötet sind.

Eine optisch ansprechende Alternative sind Lochbleche. Der elektrische Anschluss derselben erfolgt von unten.

Der Gitterabstand wird von der Schleiferlänge bestimmt.

Gruben bei Märklin-Bahnen

Der Einbau von Untersuchungsgruben in Märklinanlagen ist nicht unproblematisch, da der betriebsnotwendige Mittelleiter so ausfällt und der Schleifer sich in der Grube verhaken kann, wodurch die Lok entgleisen kann oder zumindest wegen fehlender Stromverbindung stehen bleibt. Abhilfe verschafft hier nur eine künstliche Verlängerung der Stromstrecke. Zu den lange genutzten, optisch wenig ansprechenden, eingelöteten Drähten bieten sich seit Kurzem einige bessere Alternativen.

Basis einer Märklin-U-Grube ist der in seiner Länge variable Bausatz von Peco oder Auhagen. Diese Gruben können noch durch gelaserte Mauerwerkspappe entsprechend dem Vorbild verfeinert werden, denn oft hatten alte Gruben ein seitliches Ziegelmauerwerk. Bevor man die Pappstreifen jedoch einklebt, sollte die Grube farblich verschmutzt sein, angelehnt ans Vorbild mit dunklen Grau- und Brauntönen kombiniert mit etwas seidenmattem Schwarz. Die Stromzufuhr und Führung des Mittelleiters erfolgt durch geätzte Abdeckplatten von Weinert. Die von unten angelöteten Drähte kann man fast unsichtbar nach oben führen. Der genaue Abstand der Platten ist abhängig vom kürzesten Schleifer. Um die Stromzufuhr zu sichern, dürfen die Plättchen nicht lackiert, sondern nur brüniert werden. Zwar sind im Vergleich zum Vorbild bei einer 3-Leiter-U-Grube zu viele Übergangsplatten vorhanden, doch der Lokmittelschleifer benötigt die engen Abstände. Dennoch sieht diese Variante für im Bw-Freigelände plazierte Gruben besser aus, als wenn eine Drahtbrücke durch die Grube verlaufen würde.

Sonderfall 3-Leiter-System

Durch seinen Mittelleiter und die gleichgepolten Schienen hat das Märklin-System den unschätzbaren Vorteil, bei allen Gleisfiguren nie Kurzschlüsse zu produzieren. Dafür benötigen die 3-Leiter-Gleise einen Mittelpunktkontakt, über den der Schleifer den Wechselstrom oder heute den digitalisierten Gleichstrom aufnehmen kann. In Sachen Bw wirkt sich der Mittelleiter aber nachteilig aus, denn die dort an vielen Stellen üblichen Untersuchungsgruben oder sonstigen Gleisöffnungen (Schlacke, Achssenke) unterbrechen den Stromkreis und werden zu Fallen für den Schleifer. Es muss deshalb immer eine metallische Führung vorhanden sein.

Hersteller für Bw-Produkte

Auhagen Hüttengrund 25, D-09496 Marienberg www.auhagen.de
Artitec Papaverweg 29b, NL-1032 KE Amsterdam www.artitec.de
ASOA Postfach 44 01 40, D-80750 München www.asoa.de
Bavaria Brunnauer Weg 44, D-91154 Roth
Besig Karl-Hertel-Str. 17, D-90475 Nürnberg www.besiggmbh.de
Busch Heidelberger Str. 26, D-68519 Viernheim www.busch-model.com
B & K siehe KHK-Modellbahn
Conrad Electronic Klaus-Conrad-Str. 1, D-92240 Hirschau; www.conrad.de
Faller/Pola Kreuzstr. 9, D-78148 Gütenbach www.faller.de
Fleischmann/Modelleisenbahn GmbH Plainbachstr. 4, A-5101 Bergheim
H&P Ulmer Str. 160a, D-86156 Augsburg www.modellbahnkeller.de
Hapo Bachfeldstr. 4, D-86899 Landsberg
Heki Am Bahndamm 10, D-76437 Rastatt www.heki-kittler.de
Heljan Rebslagervej 6, DK-5471 Söndersö www.heljan.dk
IGRA-Modell Kotkova 3582/19, CZ-669 02 Znojmo, www.igramodel.cz
Kesselbauer Hindenburgstr. 37, D-71711 Murr www.kesselbauer-funktionsmodellbau.de
Klier - KHK Genter Str. 12, D-51149 Köln
Kibri Am Bahnhof 1, D-35116 Hatzfeld www.viessmann-modell.de
Lokführer Lukas Luisenburgstr. 18, D-95632 Wunsiedel; www.lokführer-lukas.de
Lotus Lokstation Herzog-Odili-Str. 3, A-5310 Mondsee; www.lotuslok.at
Luetke-modellbahn Zugspitzstr. 8, D-82140 Olching; www.luetke-modellbahn.de
Märklin Stuttgarter Str. 55-57, D-73037 Göppingen, www.maerklin.de
Marks Burgstr. 5, D-95111 Rehau www.marks-metallmodellclassics.de
MO-Miniatur Gustl-Waldau-Str. 42, D-84030 Ergolding; www.mo-miniatur.de
Noch Lindauer Str. 49, D-88239 Wangen www.noch.de, www.noch.com
Panier Ewige Weide14, D-22926 Ahrensburg www.carocar.de
Piko Lutherstr. 30, D-96505 Sonneberg www.piko.de
Pitter's Pappkisten Hugo-Preuß-Str. 45, D-41236 Mönchengladbach
pmt Thyrower Bahnhofstraße 6, 14959 Trebbin OT Thyrow, www.pmt-modelle.de
Roco/Modelleisenbahn GmbH Plainbachstr. 4, A-5101 Bergheim; www.roco.cc
Rothe TT Am Vogelsang 7, D-16845 Neustadt
Schiffer-Design Weyerstr. 4, D-50170 Kerpen www.schiffer-design.de
SEM Wiesaer Kirchweg 60a, 01917 Kamenz, www.sem-h0e-modelle.de
Seliger/Pfiffikus Schmitteborn 250, D-42389 Wuppertal
Stangel P. O. Box 41, PI-95-100 Zgierz 1 www.stangel.pl
Stipp Postfach 35 03 51, D-10212 Berlin www.stipp.de
Studio 95 Winkelhaldeweg 39–41, D-73431 Aalen
Tillig Promenade1, D-01855 Sebnitz www.tillig.com
Viessmann Am Bahnhof 1, D-35116 Hatzfeld www.viessmann-modell.de
Vollmer Am Bahnhof 1, D-35116 Hatzfeld, www.viessmann-modell.de
Weinert Mittelwendung 7, D-28844 Weyhe/Dreye www.weinert-modellbau.de
WMK Chwallagasse 2, A-1060 Wien www.wmk.at
Walthers/Cornerstone P. O. Box 3039, Milwaukee, WI 53201-3039 (USA) www.walthers.com

Glossar

Aw Ausbesserungswerk: Großes, selbstständiges Bw mit Werkstatthallen und Freigleisen, das umfassende Reparaturen und Hauptuntersuchungen ausführt.
Bockkran: Feste, mehrere Gleise oder den Kohlebansen überspannende Krananlage.
Brückenlaufkran: Greiferdrehkran auf einer verfahrbaren und den Bansen überspannenden Brücke. Sofern der Brückenlaufkran nicht selbst mit einem Hochbunker ausgerüstet ist, befindet sich ein solcher separat daneben.
Einheitsbauart: Von der Deutschen Reichsbahn (DRG) standardisierte Bauwerke und Maschinenanlagen. Das Prinzip wurde von DB und DR (Ost) bei Eigenentwicklungen übernommen.
Greiferdrehkran: Beweglicher Bekohlungskran mit Greifer, auch eingesetzt am Schlackensumpf und zum Auffüllen der Sandvorräte.
Hunt: Verfahrbarer Metallbehälter für Kohle, der in gehobenem Zustand kippbar ist.
Portalkran: Greiferdrehkran mit verfahrbarem, ein Gleis überspannendem Untergestell.
Regelspurkran: Greiferdrehkran mit 1.435 Millimeter Spurweite (Normalspur).
Sammelrauchabzug: Ein an der Schuppenrückwand umlaufender und an einen hohen Schornstein angeschlossener Abluftkanal, in den Rauchabzüge der Einzelstände münden.
Schlackesumpf: Wassergefüllte Grube zwischen Gleisen zur Aufnahme der (glühenden) Verbrennungsrückstände aus dem Aschkasten.
Sturzbühne: Oft künstlich angelegte Plattform oberhalb des Bekohlungsgleises zum Bekohlen mittels Karren und Lagerplatz für Kohle, besaß im Regelfall eigenes Kohlewagengleis.
Werkstattschuppen: Lokschuppen oder Schuppenteil, der nur für Reparaturen genutzt wurde. Hier befanden sich auch entsprechende Werkzeug- und Hebemaschinen.
Wiegebunker: Hochbunker mit entsprechender Waage zum Abmessen der abzugebenden Kohlenmenge an die zu bekohlende Lok.

Bildnachweis

■ **Vorbildfotos:**

Baedermann, Klaus: S. 14, S. 88
Bellingrodt, Carl: Slg. Carsten Petersen: S. 35 unten, S. 43 oben
Slg. Markus Tiedtke: S. 26, S. 35 oben, S. 53 oben, S. 72, S. 84, S. 94
Endisch, Dirk: S. 41 unten
Hollnagel, Walter: Slg. Markus Tiedtke: S. 48, S. 53 Mitte und unten
Kratzsch-Leichsenring, Michael: S. 24 unten, S. 30, S. 37, S. 118 Mitte, S. 120 unten, S. 126
RBD Erfurt: Slg. Leikra: S. 83
RBD Halle: Slg. Leikra: S. 46, S. 47, S. 104, S. 121 oben, S. 124, S. 130
RBD Magdeburg: Slg. Leikra: S. 47, S. 118 unten, S. 119 unten,
RVM: Slg. Markus Tiedtke: S. 38, S. 51 unten, S. 54
Slg. Tiedtke, Markus: S. 44 unten, S. 51 oben, S. 64, S. 76, S. 80, S. 114
Tiedtke, Markus: S. 127, S.129
Trinom – Carsten Petersen: S. 128, S. 131
Wagner, Andreas: Slg. Leikra: S. 27

■ **Modellfotos:**

Tiedtke, Markus: Alle Fotos (189) außer:
Kratzsch-Leichsenring, Michael: S. 78 unten, S. 82 unten, S. 109 unten rechts, S. 112 oben rechts, S. 121, S. 132 (4), S. 133 rechts (2)
Petersen, Carsten: S. 63 (6), S. 91 Mitte links, S. 96 unten rechts
Rohde, Dirk: S. 61 links (3)

■ **Gleispläne und Zeichnungen:**

Leikra: S. 36/37, S. 87
Rohde, Dirk: S. 16/17, S. 26, S. 28, S. 32, S. 34, S. 40, S. 42/43, S. 44/45, S. 46/47, S. 50, S. 52

Anlagengestalter

Addi: S. 116 unten links und Mitte
Auhagen: S. 118 oben
Arge Spur 0: S. 91 Mitte rechts, S. 122 unten
Backes, Stefan: S. 121 unten
Brandl, Josef: S. 69 oben, S. 91 unten, S. 97 unten, S. 108 Mitte
Diepholzer Eisenbahnfreunde: S. 116 Mitte rechts
Dittmann: S. 57 oben
EBF Lippe: S. 112 oben links
EC Leinefelde: S. 78 unten, S. 112 oben rechts
Faller: S. 75 oben links, S. 97 Mitte links
Fordon, Alfred: S. 86 oben
Fröwis, Wolfgang: S. 29
Friedrichs, Sönke: S. 91 Mitte links, S. 96 unten rechts
Gröger, Ulrich: S. 93 (4), S. 114/115
Heidbreder, Kurt (B): S. 58 unten, S. 15 oben links, S. 33 oben
Janssen, Ton (NL): S. 28
Klier, Karl-Heinz: S. 75 oben rechts, S. 101, S. 103 unten links
Knipper, Rolf: S. 110/111
Kratzsch-Leichsenring, Michael: S. 80/81, S. 82 unten, S. 83 unten, S. 87 (2), S. 132 (4), S. 133 oben rechts und Mitte rechts
Langner, Thomas-Steffen: S. 116 unten rechts
Meester, Christian (B): S. 120 oben
Martens, Christian: S. 97 oben
MEC Harzquer- und Brockenbahn: S. 107 unten
Meyer, Ulrich: S. 8 links, S. 79 unten links
Möntenick, Klaus: S. 112 Mitte rechts
Modellbahnfreunde HSH: S. 41
Modellbahnfreunde Maifeld: S. 48/49, S. 52, S. 84/85
Modellbauteam Köln: S. 117 unten
Modellspoorvereiniging Post B (B): S. 92 oben rechts, S. 106, S. 109 oben
Modellbundesbahn: S. 12/13, S. 14/15, S. 16, S. 18 oben, S. 19 oben, S. 20/21, S. 22/23, S. 45, S. 57 Mitte, S. 88/89
Müller, Martin: S. 30/31
Nesselhauf, Kurt: S. 96 oben links
Oberbarnimer Eisenbahnfreunde: S. 96 unten links
PAJ-Modellbouw (B): S. 11 oben, S. 67 unten rechts, S. 94/95, S. 102 (2), S. 122/123
Petersen, Carsten: S. 63 links (4), oben und unten
Pfannkuche, Udo: S. 104/105
Pischel, Rüdiger: S. 33 unten
Rohde, Dirk: S. 60, S. 61 links (3), S. 78 oben links, S. 79 oben und unten rechts, S. 82 oben
Schacht, Rüdiger: S. 68 oben rechts
Team Eichholz: S. 75 unten, S. 86 unten, S. 92 unten, S. 113 unten, S. 117 oben, S. 133 oben links
Tiedtke, Markus: S. 8/9, S. 10, S. 11 unten links, S. 36, S. 56 oben (2), S. 56 Mitte links, S. 58 Mitte, S. 59 unten, S. 64/65, S. 66 oben, S. 67 oben und unten links, S. 68 oben Mitte und unten (2), S. 69 unten, S. 70, S. 71 (4), S. 74 oben, S. 86 Mitte, S. 90 unten rechts, S. 91 oben, S. 98, S. 99 (6), S. 100 Mitte (2), S. 103 unten Mitte und rechts, S. 107 oben, S. 108 oben links, S. 109 unten rechts, S. 113 oben, S. 125 Mitte links, S. 126 Mitte (3), S. 127 (4), S. 128 (4)
Tiedtke, Markus und **Brandl, Josef**: S. 124 Mitte und unten
Tiedtke, Markus und **Fordon, Alfred**: S. 100 oben
Tiedtke, Markus und **Großkopf, Volker**: S. 56 unten links, S. 116 Mitte links
Tiedtke, Markus und **Oswald, Uwe**: S. 59 oben
Tiedtke, Markus und **Petersen, Carsten**: S. 54/55, S. 62, S. 63 Mitte rechts
Tiedtke, Markus und **Rohde, Dirk**: S. 11 unten rechts, S. 18 unten, S. 19 unten, S. 24/25, S. 38/39, S. 43, S. 48, S. 56 unten rechts, S. 57 unten, S. 58 oben rechts, S. 61 rechts, S. 66 unten, S. 72/73, S. 74 unten, S. 76/77, S. 78 oben rechts, S. 90 oben, S. 96 Mitte, S. 103 oben, S. 108 oben rechts, S. 109 unten links, S. 112 Mitte links, S. 130 (2), S. 131
Timmermans, Jacques (B): S. 90 unten links
Traiblmair, Willi: S. 92 oben links
Vollmer: S. 58 oben links
Windelschmidt, Sönke: S. 116 oben, S. 119 oben
Wust, Henk (NL): S. 68 oben links
Zwicker, Wolfgang: S. 96 oben rechts, S. 112 unten

Zum Weiterlesen

Ergänzende Informationen zum Thema Bahnbetriebswerke, beispielsweise Vorbildfotos sowie etliche weitere Bastelanleitungen, finden Sie im Internet unter: **www.bahnbetriebswerke.de**